Stefan Thienel

Hafenschlepper

Vom Original zum Modell

www.tugboats.de
Besuchen Sie tugboats.de auch auf

vth-Fachbuch
Best.-Nr.: 3102274

Redaktion: Oliver Bothmann
Layout: Thomas Schüle

Bibliografische Information der Deutschen Nationalbibliothek
Die Deutsche Nationalbibliothek verzeichnet diese Publikation
in der Deutschen Nationalbibliografie; detaillierte bibliografische
Daten sind im Internet über http://dnb.d-nb.de abrufbar.

ISBN 978-3-88180-487-5
1. Auflage 2019 by Verlag für Technik und Handwerk neue Medien GmbH
Postfach 22 74, 76492 Baden-Baden

Printed in Germany
Druck: ColorDruck Solutions GmbH, 69181 Leimen/Germany

Hafenschlepper

Vom Original zum Modell

Stefan Thienel

Verlag für Technik und Handwerk neue Medien GmbH
Baden-Baden

Inhaltsverzeichnis

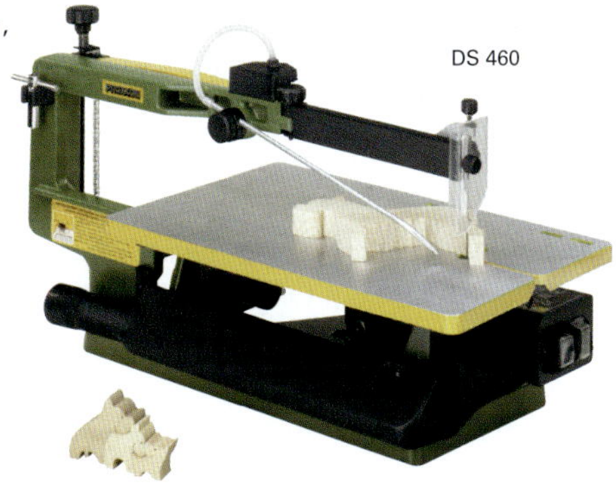
DS 460

Vorwort

Es war das Jahr 2001 als alles begann. Meine Frau und ich verbrachten unseren Sommerurlaub in Schweden und besuchten auch Stockholm. Beim Stadtbummel verschlug es uns in eine kleine Buchhandlung in der Altstadt. Dort fand ich eine Ausgabe von „Reed´s Tug World Review“. Obwohl ich schon seit über 20 Jahren Schiffsmodelle gebaut hatte, waren Hafenschlepper für mich bis dahin nur eine Randerscheinung im Hafen. Zu meiner Überraschung stellte ich fest, dass in dem Magazin eine große Anzahl von Schleppern inklusive Generalplan vorgestellt wurde. Ich war wie elektrisiert und es begann mein Interesse für Hafenschlepper. Zurück in Deutschland versuchte ich Informationen über diese Kraftprotze zu bekommen. Die große Enttäuschung ließ nicht lange auf sich warten. Es gab KEINE Informationen oder Bücher in deutscher Sprache. Sämtliche Veröffentlichungen waren entweder in englischer Sprache oder da nicht mehr im Druck nur im Antiquariat zu erhalten. Trotzdem musste ich mehr wissen. Über die Zeit sammelten sich immer mehr Informationen an und ich wurde auf Modellbautreffen immer wieder angesprochen. Um auch anderen Modellbauern Information zur Verfügung stellen zu können, entschloss ich mich im Oktober 2004, eine Homepage (www.tugboats.de) zu veröffentlichen.

Da aber Hafenschlepper immer ein Dauerbrenner an unseren Modellgewässern sind, habe ich mich entschlossen dieses Buch zu schreiben. Es geht um Originale und Modelle, um Modellbauvorhaben und die Durchführung, um Technik und Spaß am Hobby. Wer den ersten Teil dieses Buch gelesen hat, bekommt ein Vorstellung, wie Hafenschlepper funktionieren und warum sie so gebaut werden. Es gibt Einblicke in aktuelle Technik und den Ausblick auf kommende Entwicklungen. Ich erhebe keinen Anspruch auf Vollständigkeit, sondern möchte Appetit machen auf ein besonderes Kapitel Schiffs(modell)bau.

Der zweite Teil befasst sich damit, wie man bei dem Nachbau vorgehen kann und bietet Lösungsvorschläge für Problemstellungen. Auch hier gilt: Jeder so wie er kann und jeder so wie er mag. Hier gibt es einen möglichen Weg. Der eine oder andere Leser hat vielleicht einen besseren Vorschlag.

Mein Wunsch ist es, alle Leser dieses Buches mit dem Schleppervirus anzustecken, damit man in Zukunft nicht weiterhin hauptsächlich nur Schleppermodelle aus dem Baukasten auf den Teichen und Seen sieht. Sollte dieses Buch aber dazu führen, dass das eine oder andere Baukastenmodell verfeinert wird, habe ich mein Ziel auch schon zum Teil erreicht.

Ich möchte noch einen Dank aussprechen. Danke an meine Frau und meinen Sohn, die mir die Zeit gegeben haben, die ich für die Recherche, das Bauen und das Schreiben gebraucht habe. Außerdem geht mein Dank an Volker für die Unterstützung mit den Schleppeinrichtungen, die Grafiken und die Korrekturen. Bei den Firmen, die mich unterstützt haben möchte ich mich bedanken, indem ich sie in die Linkliste am Ende des Buches aufgenommen habe.

Ich wünsche allen Lesern eine tolle Lektüre und immer eine sichere Schleppverbindung beim Manöver.

Stefan Thienel

Kapitel 1 Entwicklung der Schleppschifffahrt

Der Beginn der Schleppschifffahrt in Deutschland liegt irgendwo im Seenebel der Vergangenheit. Gesichert ist aber, dass es auf der Weser um 1820 Dampfschlepper für Schuten gab. Mitte des 19. Jahrhunderts ließen Hamburger Versicherungskaufleute einen Schleppdampfer mit Seitenrädern und Dampfmaschine auf eigene Rechnung bauen. Man wollte damit der Erpressung auf See Herr werden, die es bisher gab. Denn vorher wurden Schleppdienste durch andere Schiffe durchgeführt, die sich ihre Hilfeleistung meist teuer bezahlen ließen.

Der Hamburger Schleppdampfer wurde 15 Jahre später wieder verkauft und auch nicht ersetzt, da es in Hamburg seit Mitte der 60er Jahre des 19. Jahrhunderts bereits eine Reederei gab, die professionelle Schlepp-

EPPLETON HALL – gebaut 1914, dampfgetriebener Seitenradschlepper, Ausstellungstück im San Francisco Maritime National Historical Park festgemacht am Hyde Street Pier, San Francisco/Kalifornien (©M.Ruschinzik)

dienstleitungen anbot und somit auch im ehemaligen Arbeitsgebiet präsent war. Der Nachfolger dieser Reederei existiert noch heute unter dem Namen „Bugsier-, Reederei- und Bergungsgesellschaft mbH & Co KG“. Eine ebenfalls bekannte Reederei, Petersen & Alpers, begann ihren Schleppdienst Ende des 19. Jahrhundert. Schon Ende des 18. Jahrhunderts gegründet, war P&A erst eine reine Ewerführerei. Um 1880 bekam die Reederei ihren ersten eigenen Schleppdampfer.

Erst etwa Anfang des 20. Jahrhunderts hielt die Schiffsschraube zögerlich Einzug in den Schlepperneubau. Obwohl die Schraube schon 1845 ihre Überlegenheit bewiesen hatte wurden Radschlepper mit unabhängig steuerbaren Rädern über eine Dampfmaschine bevorzugt, da sie sich besser manövrieren ließen und der Tiefgang erheblich geringer ausfiel. Dieselmotoren wurden schon im 1. Weltkrieg eingesetzt, aber ihre vorerst schlechtere Regel- und Umsteuerbarkeit gegenüber der Dampfmaschine verhinderte die schnelle Verbreitung.

In den Jahren nach dem zweiten Weltkrieg änderten sich die Herstellungsmethoden, die Antriebsanlagen und Dieselmotoren wurden erheblich verbessert. Schon während des Krieges hatte man viele Erfahrungen mit den Dieselmotoren gesammelt, die in großer Zahl für die deutsche Kriegsmarine gebaut wurden. Der Dieselmotor setzte sich erst Mitte der 50er Jahre des 20. Jahrhunderts im großen Stil in der „Schlepperei“ durch, man behielt aber das bewährte Design für Rumpf und Aufbauten bei.

Etwa zu dieser Zeit gab es zwei weitere revolutionäre Neuentwicklungen im Antriebsbereich. Bereits 1934 entwickelte Herr Kort eine Düse um den Propeller, was zu einer Verbesserung der Zugleistung, aber auch zu einer Verschlechterung der Manövrierbarkeit führte. Aber erst jetzt wurden einige Schlepper damit ausgerüstet und um die Manövrierfähigkeit noch zu erhöhen war diese Düse nun drehbar gelagert, sodass das Ruderblatt dahinter eingespart werden konnte und trotzdem die Beweglichkeit erheblich verbessert wurde.

Kortdüse mit Ruderblatt

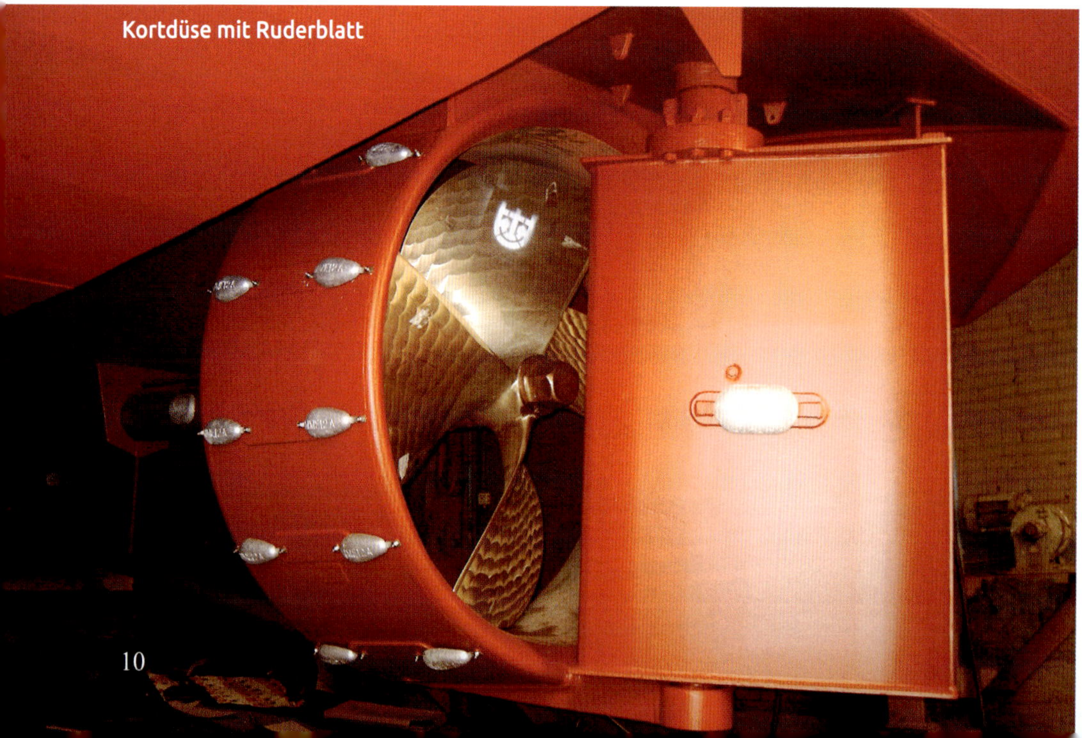

Die zweite Neuentwicklung war die Erfindung des Voith-Schneider-Propellers (VSP) im Jahr 1926 und die Einführung im Schlepperbau um 1954. Der erste Schlepper dieser Art war die STIER, gebaut von der Wilhelmshavener Jadewerft, für den Norddeutschen Lloyd. Der Schlepper befindet sich heute als Exponat auf dem Freigelände des Deutschen Schifffahrtsmuseums in Bremerhaven und kann dort besichtigt werden.

Eine andere Entwicklung im Antriebsbereich, die bis heute sehr häufig genutzt wird, kam erst sehr viel später. Im Jahr 1940 erhielt die Firma Harbormaster Marine Inc. in den USA den Auftrag für die Entwicklung eines containerisierten 360°-Außenbord-Steuersystems für die Marine. Das war der erste Typ eines Schottelantriebes. Die Firma Schottel entwickelte den ersten Ruderpropel-

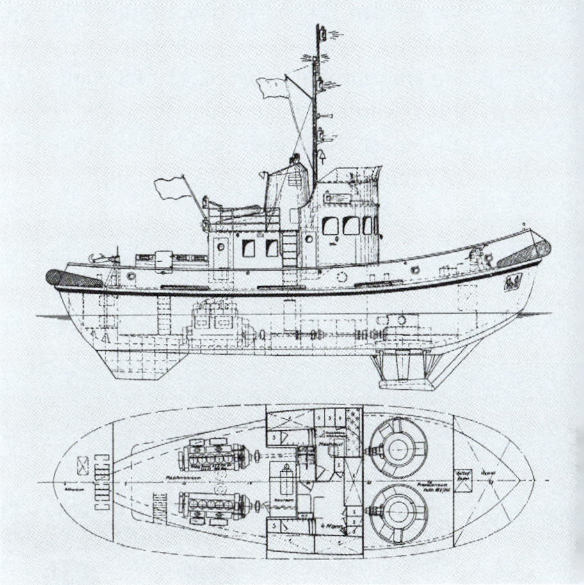

Generalplan STIER (©Voith)

VSP-Schlepper STIER im Deutschen Schifffahrtsmuseum in Bremerhaven

ler für den Einbau in den 1950iger Jahren. Anfangs wurde dieser neue Antrieb erst nur auf Binnenschiffen bis ca. 150 PS eingesetzt. 1967 wurde die Janus der Reederei Harms als erster Schlepper mit Ruderpropellern (Azimuthantrieb) in Dienst gestellt.

JANUS – Erster Schlepper mit Schottel-Azimut-Antrieben (©Schottel/Spay)

Erst Anfang der 70er Jahre gelang dem Schottelantrieb der Durchbruch im Hafenschleppgeschäft, als die Reedereien Bugsier, Fairplay, Petersen & Alpers und andere jetzt ihre Schlepper mit diesem Antrieb ausstatten ließen. Weitere Höhepunkte in der Entwicklung bildeten die Auslieferungen der ersten Ship Docking Module (SDM) 1997, der ersten Rotor®-Schlepper der Firma Kotug/Niederlande 1999 und 2005 der ersten Z-Tech-Schlepper. Alle drei Typen wurden mit Azimuthantrieben ausgeliefert.

Parallel dazu setzte sich auch die Entwicklung des VSP im Schlepperneubau fort. Die größten Schlepper in Deutschland mit VSP sind zurzeit die Schlepper ELBE und EMS von URAG.

Beide Antriebsarten sind grundsätzlich verschieden, wobei die VSP, anders als die Azimuthantriebe, nur auf eine Art in den Schlepperrumpf eingebaut werden. Dazu aber später mehr.

Sowohl mit dem VSP, als auch mit den Ruderpropellern gibt es eine Menge von verschiedenen Spielarten im Schlepperbau, auf die zum Teil noch in den nächsten Kapiteln eingegangen wird.

LAMNALCO BLACKBIRD – Z-Tech-Schlepper aus dem Designbüro RAL Ltd./ Kanada (©Schottel/Spay)

Kapitel 2 Technik im Original

2.1. Schleppertypen

Es gibt einige feststehende Regeln, die beim Bau von Schiffen und natürlich auch bei Schleppern eingehalten werden müssen. Einige dieser Regeln gibt es schon seit den Zeiten in denen Schiffe noch mit Dampfmaschinen betrieben wurden. Zu diesen Regeln gehört z.B. auch der direkte Zusammenhang zwischen der Schiffslänge, der Breite und der Geschwindigkeit. Viele kennen sicher den Ausspruch „Länge läuft“!

Das Unterwasserschiff eines Schleppers und die Rumpfform haben direkten Einfluss auf sein Fahrverhalten. Diese Prinzipien gelten für fast alle Schiffe, auch die Schlepper wichen nur leicht von diesen Regeln ab. Die Vorstellung neuer Antriebskonzepte hat dafür gesorgt, dass viele dieser Regeln nicht mehr funktionieren. Die bekannten Schiffsschrauben unter dem Heck wurden durch neue verbesserte Antriebsanlagen ersetzt. Es musste Raum für diese neuen Antriebsanlagen geschaffen werden. Die Rumpfform wurde verändert, um die Wasserströmung zu den Antrieben zu verbessern. In alten Dampfschleppern nutzten die Kapitäne wegen der geringen Pfahlzüge unter 10 t meist das hohe Gewicht der Maschine und die besondere Rumpfform, um den Schleppan-

URAG EMS (Ex-EMS) – moderner VSP-Schlepper

NORVEGIA – ASD-Schlepper von Rimorchiatori Riuniti/Genua mit Volldampf zum nächsten Job

hang zu kontrollieren. Moderne Schlepper haben meist erheblich leichtere Maschinen. Um diesen Nachteil auszugleichen werden meist am Rumpf besondere Veränderungen vorgenommen, um das Fahrverhalten zu verbessern und ähnliche dynamische Effekte zu erreichen.

Mit der Verbesserung des Fahrverhaltens wurde meist auch eine erhöhte Stabilität unter Extrembedingungen nötig. Dies wird durch die Form des Unterwasserschiffs erreicht. Im Folgenden werden verschiedene Schleppertypen vorgestellt.

2.1.1. Der Standard-Schlepper

Der Standard-Schlepper hat einen ganz „normalen“ Antrieb. Je nachdem welche Größe oder welche Kraft er haben soll, wird dieser Typ mit einer oder zwei Schiffsschrauben gebaut. Diese werden über Wellen durch die Antriebsmotoren bewegt. Diese Antriebsart wird noch bei einer großen Anzahl von Schleppern eingesetzt, aber durch verbesserte Schiffsschrauben, veränderte Düsen um die Schrauben und ausgeklügelte Rudersysteme, sind diese Schlepper immer noch konkurrenzfähig.

Der Einsatz dieser Schlepper findet dort statt, wo der Pfahlzug überwiegend vorwärts gefragt ist, da der Standardantrieb mit Düse von allen Antrieben hier am besten ist. Zur Verbesserung der Manövrierfähigkeit haben

Ein kleiner Standardschlepper von DAMEN Shipyards beim Workboatfestival 2016 in den Niederlanden

einige Schlepper außerdem noch ein Bugstrahlruder. Dieser Schleppertyp wird je nach Größe für eine ganze Reihe von Aufgaben verwendet, wie z.B. Schleppaufgaben im Hafen, Ankerarbeiten, Seeverschleppungen und Offshore-Arbeiten. Es gibt kaum noch Schlepper mit „offenen" Schiffsschrauben. Die Rumpfform unterscheidet sich in den meisten Fällen nur unwesentlich von den Schleppern früherer Zeit. Aber auch hier hat die neue Zeit Einzug gehalten. Um Baukosten zu verringern werden mehr und mehr Knickspantrümpfe gebaut. Diese Rumpfform kommt mit wenigen Rundungen aus, die teuer und aufwendig herzustellen sind. Es ist aber trotzdem wichtig, dass bei den neuen Rümpfen der Wasserzustrom zu den Schiffsschrauben nicht behindert wird. Ein Totholz/Kiel entlang der Mittschiffslinie verbessert die Kursstabilität.

2.1.2. Der Combi-Schlepper

Der Combi-Schlepper ist nichts anderes als ein Ein-Schrauben-Standardschlepper, der mit einem zusätzlichen Azimuthantrieb unter dem Bug ausgerüstet wurde. Die Ausrüstung findet in aller Regel nachträglich statt. Der Ruderpropeller ist oft einziehbar ausgeführt. Man versucht damit die Nutzungszeit des Schleppers zu verlängern. Wenn der Schlepper für die aktuellen Aufgaben nicht mehr stark genug ist, sorgt der zusätzlich Antrieb für eine Erhöhung des Pfahlzuges um ca. 2-7 t und eine Verbesserung der Manövrierfähigkeit. Der letzte in Europa speziell gebaute Combi-Schlepper wurde 1993 in Dienst gestellt. In den nächsten Jahren wird es sicher wieder einen neuen Combi-Schlepper geben.

2.1.3. Der Voith-Schneider-Tractor-Schlepper

Die Einführung des ersten VSP-Schleppers 1954 brachte Bewegung in den Schlepperbau und war eigentlich nur für die Schiffsassistenz gedacht. Die außerordentliche Manövrierfähigkeit und Sicherheit bei der Arbeit sorgten für eine schnelle Verbreitung. Frühere VSP-Schlepper hatten den Nachteil, dass die Antriebe weniger Pfahlzug hatten, als Schraubenschlepper gleicher Motorleistung. Verbesserungen in der Größe und Leistung des Antriebs und Verbesserungen im Design der Schlepper brachten schließlich den Durchbruch. Bei modernen Typen befinden sich die VSP-Antriebe unter dem Vorschiff etwa auf Höhe des Drehpunktes des Rumpfes, 1/3 der Schiffslänge von der Bugspitze entfernt. Die vertikalen „Blätter" der Antriebe werden durch eine Platte unterhalb der Antriebe gegen Grundberührung geschützt. Ferner wirkt diese Platte wie eine Art „Düse" und bündelt den Wasserstrom. Durch die Verbesserung und die Vergrößerung der VSP wird in modernen Schleppern sehr viel Platz benötigt. Das führt dazu, dass der Rumpf sehr breit sein muss. Durch die Rumpfform und die Lage der Antriebe ist der VSP-Schlepper in der Lage mit sehr hohen Geschwindigkeiten rückwärts zu fahren, mit dem Heck zu drücken und im indirekten Modus zu schleppen. Der VSP-Schlepper hat unter dem Rumpf im hinteren Drittel eine große Finne. Diese Finne hat im Allgemeinen zwei Aufgaben. Zum einem sorgt sie für eine bessere Kursstabilität bei Geradeausfahrt, außerdem werden die Zugkräfte bei indirekten Schleppermanövern erheblich vergrößert. Die Position und Größe dieser Finne ergibt sich aus hydrodynamischen Erfordernissen.

Die Position der Schleppverbindung auf dem Oberdeck steht in direktem Verhältnis zur Position der Finne. Die Platte und die Finne werden auch als Dockstützen verwendet. Alle diese Eigenschaften sehen viele Reeder als großen Vorteil. Die Nachteile dabei sind aber die Gefährdung der Antriebsblätter unter dem Rumpf durch etwaige Grundberührung und der daraus resultierende größere Tiefgang. Eine größere Verbreitung der VSP-Schlepper verhindern wahrscheinlich die erheblich höheren Kosten für den Antrieb und die geringere Effektivität. Das Argument VSP-Schlepper sind nur für eisfreie Gewässer geeignet wurde in einigen Tanktests widerlegt. Trotz Berührung mit den Schollen kommt es zu keiner Beschädigung, auch ein Eindringen von einzelnen Schollen in den Raum zwischen den Flügel konnte nicht festgestellt werden. Der Traktor-Schlepper mit VSP ist allen anderen in der Reaktionsschnelligkeit bei Kurswechseln überlegen.

Unterwasserschiff mit Blick auf die Antriebe eines VSP-Escort-Schleppers (©Voith)

2.1.4. Der Azimuth-Tractor-Schlepper

Bei diesem Typ befinden sich zwei Azimuthantriebe nebeneinander unter dem Bug. Dieser Schlepper wurde in den 1970er Jahre als Alternative zu den VSP-Schleppern vorgestellt. Schlepper dieses Typs sind so gebaut, dass sie die gleichen Aufgaben wie VSP-Schlepper erfüllen können, sind aber wegen der meist kleineren Finne nicht so gut für indirektes Schleppen geeignet. Der Vorteil liegt eher in dem Verhältnis von Maschinenleistung zu Pfahlzug. Die Schiffsschrauben in den Azimuthantrieben sind wegen der sie voll umschließenden Düsen effizienter als die VSP und die Anschaffungskosten sind geringer. Gerade die Unterschiede im Verhältnis von Maschinenleistung zu Pfahlzug kann man sehr gut erkennen, wenn man die ELBE (VSP-Tractor) mit 5.300 kW und 71 t Pfahlzug mit der BUGSIER 9 (ASD) mit 4.800 kW und 84 t Pfahlzug vergleicht.

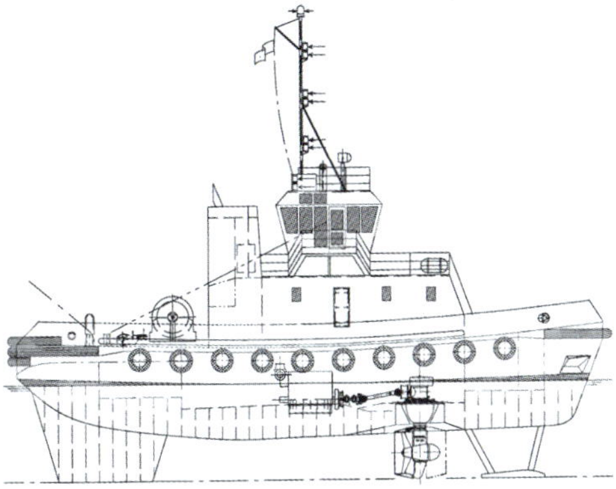

Planansicht eines Tractor-Schleppers mit Azimutantrieb (©Schottel/Spay)

Soll bei einem Azimuth-Tractor-Schlepper der Pfahlzug erhöht werden bleibt meist nur einer Vergrößerung der Antriebe, was zu einer direkten Vergrößerung des Tiefgangs führt. Der Rumpf eines Azimuth-Tractor-

VSP-Schlepper auf dem Slipway (©Voith)

Schlepper hat – wie auch der VSP-Schlepper – einen festen Kiel und die Schutzplatte unter den Antrieben. Hier dient die Platte aber meist nur als Schutz und nicht zur Bündelung des Wasserstroms. Als abgewandelter Tractor-Schlepper sei hier der Rotor®-Schlepper erwähnt.

Pfahlzug aber einen erheblich geringeren Tiefgang. Bei gleichem Tiefgang mit höherer Maschinenleistung sind höhere Pfahlzüge möglich. Der erste Rotor®-Schlepper wurde 1999 in Bremerhaven eingesetzt. Die ersten drei Einheiten hatten jeweils ein Länge von 31,34 Metern und haben bei 6.300 bhp 75 t

RT ANTONIE – Rotor-Schlepper im Dock. Die drei Antriebe sind hier sehr gut zu sehen (©V. Landwehr)

Die Entwicklung des Rotor®-Schleppers ist das Ergebnis eines Bedürfnisses nach einem kräftigen, vielseitigen Schlepper, der für Schiffsassistenz, Seeverschleppungen und anderen Aufgaben gleichermaßen nutzbar ist. Dieser Schlepper sollte extrem beweglich sein und seine maximale Zugkraft in fast jede Richtung erreichen. Bei diesem Typ wurde die Finne verkleinert und durch einen dritten Azimuth-Antrieb ersetzt. Man spricht daher auch von einer aktiven Finne. Grundsätzlich hat der Rotor®-Schlepper bei gleicher Antriebsleistung keinen größeren

Pfahlzug. Zu damaliger Zeit war das eine außerordentliche hohe Zugkraft. Inzwischen hat das Trio viele Nachfolger und es sind weitere verschiedene Typen in der Entwicklung. Einen besonderen Schlepper mit aktiver Finne gibt es in den USA. Die Reederei FOSS hat in Zusammenarbeit mit Kooren Shipbuilding (Kotug) einen Schlepper mit einem Azimuthantrieb nachgerüstet. Die Finne wurde entfernt und durch eine schmale Dockstütze ersetzt. Davor sitzt nun der Azimuthantrieb. Man kann jetzt sagen, dass das wie bei einem Rotor®-Schlepper ist. Der große Unterschied befindet sich aber unter dem Vorschiff. Im Gegensatz zum Rotor®-Schlepper befinden sich hier nicht Azimuthantriebe, sondern zwei Voith-Schneider-Antriebe. Eigentlich hätte der Schlepper wegen des zu geringen Pfahlzuges ausgestauscht werden müssen. Durch den zusätzlichen Antrieb achtern konnte der Pfahlzug erheblich gesteigert und die Nutzungszeit dadurch verlängert werden.

sich über je einen Bedienhebel unabhängig voneinander bedienen und ein erfahrener Schlepperkapitän kann diesen Schlepper mit großer Präzision in jede Richtung steuern. ASD-Schlepper sind meist starke Assistenzschlepper im Hafen und Escort-Schlepper und sehr beliebt, wenn es um die Kombination von Kraft und Manövrierfähigkeit geht. Seit den ersten ASD-Schleppern wurde das

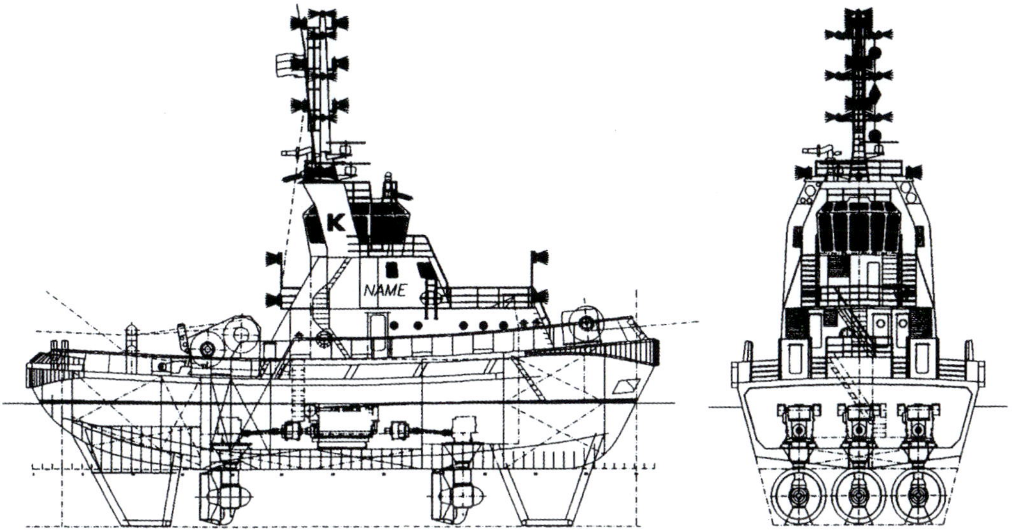

Planansicht eines Rotor-Schleppers (©Schottel/Spay)

2.1.5. Der ASD-Schlepper

Der ASD wurde zuerst in Japan und in Süd-Ost-Asien vorgestellt. Der nächste Verwandte des Standard-Schlepper ist wohl der ASD-Schlepper. Wenn man bei einem Standard-Schlepper die Wellen, Ruder und Schiffsschrauben entfernt und durch Azimuth-Antriebe ersetzt erhält man einen ASD-Schlepper. Auch hier befinden sich die Antriebe unter dem Heck des Schleppers. Meist ist eine Änderung des Heckbereiches nötig, denn eine gute Anströmung der Antriebe ist besonders wichtig. Die Antriebe lassen

Unterwasserschiff immer weiter verfeinert. Besonderes Augenmerk wurde auf die Fahreigenschaften in beide Richtungen und gute Manövrierfähigkeit beim indirekten Schleppen gelegt. Wie bei vielen normalen Schraubenschleppern ist das Vordeck meist erhöht, wenn der Schlepper auf See arbeiten soll. Beim ASD-Schlepper gab es bisher nur einen langen Kiel – Totholz genannt – der vom Bug bis kurz vor die Antriebe läuft. Dieser Kiel ist eine Entwicklung der letzten 10 Jahre und sorgt für gute Kursstabilität und erhöhte Kräfte beim indirekten Schleppen.

OWENA – ASD-Schlepper in der Halle von DAMEN Shipyards/Niederlande

Der Vorteil des ASD-Schleppers gegenüber dem Tractor-Schlepper liegt in dem geringeren Tiefgang. Die Firma Wärtsilä hat den Startschuss zu der Entwicklung neuer ASD-Schlepper gegeben. Dieses Modell hat nun auch die von den Tractor-Schleppern bekannte Finne. Allerdings befindet diese sich nicht unter dem Heck, sondern unter dem Bug auf Höhe der vorderen Schleppwinde. Bei der DAMEN-Werft kommt ein ASD-Schlepper mit zwei Finnen (je eine Backbord und eine Steuerbord) unter dem Bug frisch vom Reißbrett.

2.1.6. Sonderformen

2.1.6.a. Caroussel-Schlepper bzw. DOT-Schlepper

Der Caroussel-Schlepper und der DOT-Schlepper (Dynamic Oval Towing by Mampaey) funktionieren nach einem identischen Prinzip. Um das Deckshaus herum führt eine massive Schiene. Auf dieser Schiene bewegt sich die eigentliche Schleppwinde um das Deckhaus herum und ist damit immer in Richtung des Schleppobjektes ausgerichtet. Der Vorteil bei diesem System ist, dass der Schlepppunkt – gerade bei seitlicher Lage – möglichst weit am Schanzkleid liegt. Das sorgt dafür, dass der Schlepper nicht kentern kann. Der Unterschied zwischen den beiden Schleppern liegt nur in der Form der Schiene. Während der Caroussel-Schlepper eine kreisrunde Schiene um das Deckshaus hat, bildet die Schiene beim DOT-Schlepper ein Oval.

2.1.6.b. Ship Docking Module (SDM)

Der Name SDM ist gewählt worden, da dieser Typ in keine existierende Schlepperkategorie passt. Das SDM wurde von Hvide

MULTRATUG 12 – ein Caroussel-Schlepper bei der Arbeit. Auf dem Foto kennt man sehr gut die kreisförmige Schiene um das Deckshaus (©R.d. Werker)

Marine – jetzt Seabulk Towing – in Tampa/ USA entwickelt. Das erste SDM (Mark I) wurde 1997 ausgeliefert. Inzwischen gibt es mit der Version Mark II eine Weiterentwicklung, die im Hafen von Barcelona/ Spanien zu Hause ist. Die Idee hinter dem SDM war einen Schlepper zu entwickeln, der in alle Richtung den gleichen Pfahlzug hat. Er sollte schnell seine Position einnehmen und halten können, ohne dass eine Schleppverbindung hergestellt werden muss. Vor allem sollte er gut in engen und geschützten Gewässern arbeiten können.

Das SDM hat eine normale Länge für einen Hafenschlepper, ist aber sehr breit.

In diesem sehr breiten, fast ovalen Rumpf – böse Zungen nennen das SDM auch schwimmende Schüssel – mit flachem Boden ist je ein Azimuthantrieb an jedem Ende eingebaut. Der Abstand der Antriebe vom Bug und vom Heck beträgt ca. ¼ der Schlepperlänge. Der vordere Antrieb ist nach Steuerbord, der achtere Antrieb aber nach Backbord aus der Mittschiffslinie versetzt. Außerdem befinden sich unter dem Schiffsboden an beiden Ende je eine kleine Finne mit einem Loch darin.

RAMON CASAS – Ein SDM (Ship Docking Module) bei der Arbeit (©M. Gottlieb)

Diese Löcher gleichen den Druck aus, der zwischen den beiden Seiten durch die versetzten Antriebe und die unterschiedlichen Strömungen entsteht. Der Mark I ist ca. 28 m lang und 15 m breit. Die Leistung liegt bei ca. 4.000 bhp. Das ergibt einen Pfahlzug von ca. 50 t. Trotz der sehr merkwürdigen Rumpfform schafft das SDM 12 kn und kann mit ca. 6 kn traversieren. Das SDM ist ein reiner Hafenschlepper, da für höhere Wellen der Rumpf zu flach ist.

2.1.6.c. Z-Tech-Schlepper

Der Z-Tech-Schlepper ist eine Entwicklung des Designbüros Robert Allan Ltd. in Vancouver/ Kanada. Das Designbüro hat sich hauptsächlich auf die Entwicklung von Schleppern spezialisiert. Der Z-Tech ist eigentlich ein ASD-Schlepper, der wie ein Tractor-Schlepper eingesetzt werden kann.

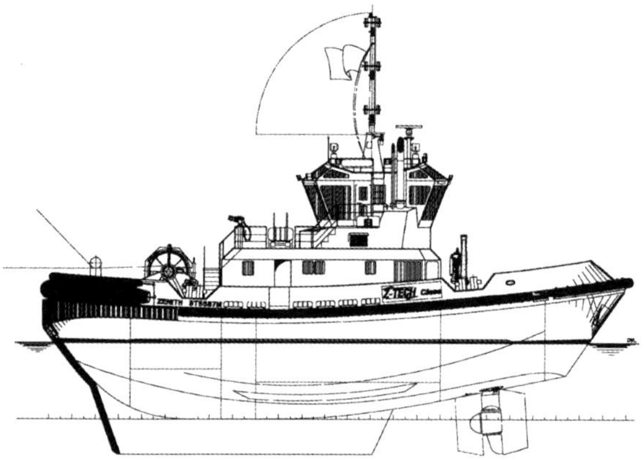

Eine Seitenansicht eines Z-Tech-Schleppers (©Schottel/Spay)

Beim Z-Tech wurde versucht die besten Eigenschaften von ASD- und Tractor-Schlepper zu verbinden. Der Bug wurde wie beim ASD stark gefendert und die Antriebe sitzen unter dem Heck, was zu einem geringen Tiefgang führt. Das Heck wurde aber verändert. Da es entsprechend dem Bug eines Tractor-Schleppers angeglichen wurde, ist der Wasserwiderstand gering und die Geschwindigkeit bei Fahrt voraus und Fahrt zurück annähernd identisch. Das gleiche gilt hier auch für den Pfahlzug. Durch den geringen Freibord sind sie allerdings als Schlepper im freien Wasser nur bedingt tauglich. Das Steuerhaus wurde sehr weit in die Mitte des Schleppers gesetzt, um eine große freie Arbeitsfläche rund um die Winde zu erhalten. Für stabilere Schleppeigenschaften und höhere Zugkraft verfügt der Z-Tech über einen sehr tief gehenden Kiel unter dem Bug. Der erste Schlepper dieses neuen Designs war ein Z-Tech 2800 und wurde 2004 in Dienst gestellt. Dieser Schlepper, getauft auf den Namen INDEE, ist 27,4 m lang und 11,5 m breit. Die beiden Hauptmaschinen entwickeln 5.000 bhp. Inzwischen gibt es schon eine ganze Reihe von Nachfolgebauten in verschiedenen Größen. Hauptabnehmer waren bis jetzt PSA Marine in Singapur und die Kanalverwaltung des Panama-Kanal. Es gibt aber auch schon einige Einheiten in den USA.

Einen ähnlichen Designansatz hat der RSD-Schlepper von DAMEN Shipyards.

2.1.6.d. Escort-Schlepper

Das Eskortieren beschreibt das Begleiten eines Seeschiffes durch Schlepper auf seinem Weg in den Hafen und zurück auf das offene Meer. Diese Methode ist nicht neu und findet schon lange in verschiedenen Häfen statt. Neu ist, dass die Wege in den Hafen länger und die Schiffsgeschwindigkeiten höher sowie die Schiffe selbst größer geworden sind. Bis zu einer Geschwindigkeit von ca. 6 kn kann diese Aufgabe noch von Hafenschleppern übernommen werden. Darüber hinaus verliert ein direkt schleppender Schlepper enorm an Kraft. Bei höheren Geschwindigkeiten muss indirekt, d.h. unter Einsatz der hydrodynamischen Kräfte am Rumpf geschleppt werden. Escort-Schlepper gibt es so-

ASD-Schlepper UKKO auf dem Rückweg von einem Job (©J. Toivola)

wohl mit Schottel, als auch mit VSP-Antrieb. Bei großen Schiffen mit 200.000 dwt können aber zur Verhinderung von Havarien Steuer- und Bremskräfte von bis zu 200 t erforderlich werden. Dafür sind speziell gebaute Schlepper erforderlich, die Escort Schlepper. Das Unterwasserschiff der Rümpfe ist meist sehr schlank und um frei fahrend mit einem Schiff mithalten oder dieses auch überholen zu können wird eine Freifahrtgeschwindigkeit von 14 kn und mehr angestrebt.

Oberhalb der Wasserlinie wird der Rumpf wieder breiter. Hiermit wird bei starker Krängung ein zusätzlicher Auftrieb aktiviert und die Stabilisierung des Schleppers erreicht. Um den Zusatz „Escort" bei der Klassifizierung zu erhalten, müssen die Schlepper u.a. im Großversuch die Kräfte beim indirekten Schleppen mit 8 und/oder 10 kn nachweisen und mit einer speziellen Escort-Winde ausgestattet sein. Die Länge des Rumpfes, die Form des Unterwasserschiffes und Anordnung und Größe der Finne oder des Kiels bestimmen die erreichbaren Kräfte beim indirekten Schleppen. So werden heute bei VSP Schleppern Längen bis 47 m und dynamische Kräfte von bis zu 180 t erreicht. Das ist das 2 bis 2,5fache des statischen Pfahlzuges. Bei ASD-Schleppern sind die Kräfte und das Verhältnis zum Pfahlzug kleiner. Diese Entwicklung erforderte im Vorfeld umfangreiche dynamische Tests an Modellen, Originalen und Computer Simulationen.

Um die von den Klassifizierungsgesellschaften geforderte bessere Stabilität zu erreichen, ist es notwendig, dass das Design des Rumpfes perfekt zu den Aufgaben passt und die Lage von Finne und Schleppgeschirr genau aufeinander abgestimmt wird.

2.1.6.e. Eddy-Tug

Der Schlepper heißt ausgeschrieben: Efficient Double-ended Dynamic tug! Federführend bei dieser Entwicklung war das Ingenieurbüro Baldo Dielen Assoc. Nach über vier Jahren Entwicklung wurde dieser neue Schleppertyp 2012 auf der Tug&OSV Convention vorgestellt. Grundgerüst ist ein langer schlanker Rumpf, dessen Bug und Heck identisch geformt sind. Der Schlepppunkt liegt zwischen zwei Azimuthantrieben, die jeweils im Bug- und Heckbereich in Mittschiffslinie angeordnet sind. Die „scharfen" Enden an Bug und Heck und das hohe Freibord sollen die Seefähigkeit erheblich verbessern. Während der Rumpf unterhalb der Wasserlinie sehr schlank gehalten ist, wird er oberhalb der Wasserlinie sehr breit, um eine gute Basis für die Arbeit an Deck zu bieten. Beide Enden des Schleppers sind als Bug klassifiziert und der Schlepper hat identische Fahr- und Zugleistung in beide Richtungen. Der Schlepper soll aufgrund seiner Antriebskonzeption auch von ungeübten Personen leicht zu beherrschen sein. Alle Schleppmanöver sind mit diesem Schlepper durchzuführen.

Um Irritationen zu vermeiden ist in Fahrt immer die Seite der Bug in welche Richtung sich der Schlepper bewegt. Diesen Schleppertyp gibt es in Längen bis zu 32 m. Zwischen den Antrieben ist immer mindestens 20 m Abstand, um eine Beeinflussung durch den Schraubenstrom zu verringern. Dieses Konzept sorgt für eine erheblich verbesserte Antriebsleistung und weniger Vibrationen. Auf dem Arbeitsdeck sind immer zwei Schleppböcke. Ein Schleppbock ist für enge Manöver im Hafen ein anderer Schleppbock – weiter entfernt von der Winde – für die Escort-Arbeit. Während des Transits wird meist mit der Winde voran gefahren und ein Antrieb abgeschaltet. In Zeiten des Umweltschutzes und hoher Kraftstoffkosten sorgt das für eine erhebliche Kraftstoffeinsparung.

2.1.6.f. RAVE

Der RAVE ist eine Gemeinschaftsentwicklung von Robert Allan Ltd. und Voith. Das Prinzip ist ähnlich dem Eddy-Tug. Bei RAVE befinden sich aber anstelle der Azimuthantriebe Voith-Schneider-Propeller unter dem Rumpf.

EDDY 1 – hier an der Pier in Hamburg während der ITS Convention 2014

2.1.6.g. GIANO-Tug

Der Giano-Tug besitzt – wie auch EDDY und RAVE – sowohl am Bug als auch am Heck jeweils einen Antrieb. Die Besonderheit hier liegt aber in der Rumpfform. Wo EDDY und RAVE einen beinahe „normalen" Rumpf haben, hat der GIANO eine Art Katamaran-Rumpf. Allerdings kann man beim GIANO nicht zwischen den beiden „Rümpfen" von vorn nach achtern hindurchsehen. Der Rumpf ist komplett eingetaucht. Durch die Rumpfform war es möglich auch am Unterwasserschiff Fender von ca.4m2 Fläche anzubringen. Das soll die Kräfte beim seitlichen Drücken besser auf die Bordwände des zu schleppenden Schiffes übertragen. Interessante Filme über das Konzept finden sich bei YouTube.

Übersicht eines RAVE-Schleppers mit je einem VSP-Antrieb achtern und vorn (©Voith)

2.2. Schlepperdesign

Hier gilt ein Satz aus der Designersprache: „Form folgt Funktion". Wenn ich weiß, was für einen Antrieb ich verwenden möchte, weiß ich auch was für ein Schlepper dazugehört.

Natürlich werden auch beim Schlepperbau die klassischen Regeln des Schiffbaus eingehalten. Allerdings gibt es hier einige mehr oder minder große Unterschiede in der Ausführung. Einige der interessantesten Änderungen finden sich hier.

2.2.1. Anker

Wie jedes Schiff hat auch der Schlepper einen Anker. Ein Anker ist eher unhandlich, schwierig zu stauen und bei mangelhafter Befestigung eine Gefahr für Leib und Leben der Besatzung bzw. für den Schlepper und das zu schleppende Schiff. Es gibt meist nur einen Anker, da dieser nur für Notfälle

Bild eines „Standard"-Ankers

verwendet wird. Im Allgemeinen wird der Anker in einer Ankertasche am Bug gefahren. Bei Tractor-Schleppern wird der Anker auch hin und wieder in einer Ankertasche im Heck gestaut. Wenn der Anker ganz in der Tasche verschwunden ist besteht nicht die Gefahr, dass die Schlepptrosse darin hängen bleibt oder andere Schiffe beschädigt werden können. Die große Entfernung zwischen Anker und Antrieb verhindert zusätzlich die Berührung des Ankers oder der Kette mit den Antrieben.

Die Anker werden entweder mit einer eigenen Winde bewegt oder – wie auf ASD-Schleppern – die Ankerwinde ist Teil der Schleppwinde auf der Back. Die Bedienelemente für die Ankerwinde finden sich meist auf der Brücke.

2.2.2. Schanzkleid

Eine weitere Änderung gegenüber dem normalen Seeschiff gibt es am Schanzkleid. Diese Wand rund um die Arbeitsdecks dient als Schutz für die Besatzung. Im Gegensatz zu anderen Schiffen ist das Schanzkleid auf Schleppern erheblich stabiler, da es die Besatzung bei ihrer schweren Arbeit an Deck vor überkommendem Wasser schützen soll. Damit das Wasser wieder ablaufen kann sind auf Deckshöhe Öffnungen im Schanzkleid. Die Höhe des Schanzkleides ist auf den Schleppern unterschiedlich und richtet sich sowohl nach dem Einsatzgebiet, als auch nach nationalen Vorschriften. Größere Schlepper haben im Schanzkleid Türen, damit das Personal beim Besteigen oder Verlassen des Schleppers nicht darüber klettern muss. Bei einigen Hafenschleppern ist das Schanzkleid am Heck offen und mit einer Rolle versehen, damit auch kleinere Offshore-Ankerarbeiten erledigt werden können. Besonders gut ist das bei den Schleppern ELBE und EMS der URAG zu sehen.

Das Schanzkleid ist grundsätzlich nach innen geneigt, damit es bei Rollbewegungen des Schleppers neben einem anderen Schiff keinen Schaden nimmt. Häufig wird das Schanzkleid auch um ca. einen halben Meter von der Rumpfkante nach innen versetzt. Das sorgt für zusätzlich Schutz gegen Beschädigung und ist eine hilfreiche Stufe für die Mannschaft.

Das nach innen geneigte Schanzkleid auf dem ASD-Schlepper AHTI in Finnland

2.2.3. Deck

Das Achter- oder Arbeitsdeck eines Schleppers ist meist nass und ein schwieriger Arbeitsplatz. Die Decks sind bei größeren Schleppern zum Schutz mit Holzbohlen belegt. Bei Beschädigung durch schwere Lasten wie z.B. Offshoreanker lassen sich diese Holzbohlen leicht austauschen. Kleinere Schlepper haben rutschhemmende Farbe auf dem Arbeitsdeck.

2.2.4. Fender (go ahead, kick the tyres)

Das ausgeprägteste Merkmal am Rumpf eines Schleppers sind die Fender zum Schutz vor Schäden bei der Arbeit dicht an anderen Schiffen. Schlepparbeiten sind meist ein Kontaktsport, bei dem der direkte Kontakt zum anderen Schiff nötig oder sogar unvermeidlich ist. Schon früher wurden zum Schutz des Rumpfes bzw. des Schleppers Fender bzw. schockabsorbierende Materialien in verschiedenen Formen verwendet. Moderne Fender sind Hightech-Produkte. Sie sollen nicht nur den Schlepper schützen, sondern auch das zu schleppende Schiff. Die Fender sind entsprechend der Rumpfform angepasst und sollen den Druck des Schleppers auf eine möglichst große Fläche verteilen. Außerdem sollte der Fender eine gewisse Abriebfestigkeit aufweisen und leicht zu montieren sein. Um die Abriebfestigkeit zu erhöhen können einige Schlepper ihre Fender mit Wasser besprühen und damit rutscht der Fender besser auf der Bordwand. Viele Schlepperkapitäne bevorzugen aber eine gewisse Haftung, da der Schlepper so besser in Position gehalten werden kann. Entlang der Rumpfseiten werden meist Fender

Bugfender der DANIMARCA von Rimorchiatori Riuniti/ Genua. Oben sieht man einen 900 mm Rundfender. Darunter befinden sich Fenderplatten im W-Format

in „D“ oder „W“-Form verwendet. An Bug und/oder Heck gibt es meist größere Platten aus einzelnen Fenderstücken, die sich bei Beschädigung leicht ersetzen lassen. Zusätzlich haben viele Schlepper oberhalb dieser Platten einen oder mehrere Rundfender, die mit Ketten oder Gurten befestigt sind. Trotz dieser modernen Fendersysteme werden immer noch gern abgefahrene Reifen von LKW oder Flugzeugen verwendet, die mit Ketten oder Drahtstropps über der Rumpffenderung angebracht werden. Schlepper mit besonderen Aufgaben haben auch erweiterte Fender. So werden z.B. Schlepper für die U-Boot-Assistenz mit Unterwasserfendern ausgestattet, Schlepper für die Assistenz von großen Schiffen wie z.B. Flugzeugträgern haben Fender an den Aufbauten.

BUGSIER 10 bei der Arbeit. In der Seitenansicht erkennt man sehr gut das um ein halbes Deck erhöhte Backdeck

2.2.5. Vordeck

Auch das Vordeck (Backdeck oder einfach nur Back) bedarf besonderer Aufmerksamkeit. Bei Schleppern, die auch auf See Arbeiten übernehmen, ist das Backdeck häufig gegenüber dem Arbeitsdeck um eine halbe oder eine komplette Deckshöhe erhöht. Der Rumpf wird am Bug entsprechend hochgezogen. Das führt zu einem besseren Seeverhalten und das Arbeitsdeck ist besser geschützt. Die Wahrscheinlichkeit, dass Wasser bei Arbeiten in schwerer See oder bei Dünung überkommt, ist erheblich geringer. Das verbessert das Fahrverhalten des Schleppers und sorgt für eine sichere Arbeitsplattform. Der weitere Vorteil liegt im Raumgewinn, der für zusätzliche Unterbringungsmöglichkeiten, Maschinen oder Lagerräume genutzt werden kann.

2.2.6. Aufbauten und Einrichtungen

Es gibt kaum noch regionale Unterschiede in den Aufbauten und Einrichtungen der Schlepper. Früher war die Größe und die Länge des Steuerhauses, Aussehen des Deckhauses und der Schornsteine abhängig von dem Teil der Welt, aus dem der Schlepper kam. Es gibt immer noch leichte Unterschiede bei normalen Schraubenschleppern aus den USA und Europa, bedingt durch unterschiedliche Schleppmethoden. Durch die Internationalisierung des Schleppgeschäftes sind die Unterschiede aber nur noch gering. Hier zählt nur noch die gute Übersicht, der sichere Betrieb und – wenn erforderlich – angemessene Unterbringungsmöglichkeiten für die Crew. Wobei das Wort „angemessen" verständlicherweise von jedem Reeder anders interpretiert wird.

2.2.6.a. Deckshaus

Die Form des Deckaufbaus ist an die Notwendigkeiten des Schleppgeschäftes angepasst. Die Deckshauskanten sind abgeflacht, da häufig längsseits von anderen Schiffen gearbeitet wird, die größer und auch höher als der Schlepper sind. Viele dieser Schiffe haben überhängende Bereiche an Bug oder Heck, die es dem Schlepper schwer machen sich sicher anzunähern. Es ist deshalb notwendig, dass der Schlepper bei seiner Arbeit nie in Kontakt mit diesen Schiffsteilen kommt. Besonders gefährlich ist diese Annäherung bei schwerem Wetter oder Dünung, wenn der Schlepper selbst sehr stark krängt. Aus diesem Grund sind die Aufbauten meist an der oberen Kante schmaler oder nach in-

Deckshaus eines im Rohbau befindlichen Schleppers in der Halle von DAMEN Shipyards/Niederlande

nen gesetzt. Das gleiche gilt auch – wie oben beschrieben – für das Schanzkleid. Diese Veränderungen sorgen nicht nur für Sicherheit, sondern haben auch den Vorteil, dass der Kapitän eine gute Übersicht über seinen Schlepper hat.

2.2.6.b. Steuerstand/Brücke

Der Steuerstand ist das Zentrum eines jeden Schleppers. Hier sitzt oder steht der Kapitän und hat einen guten Überblick und Zugriff auf alle Steuer- und Kontrollinstrumente. Auf modernen Schleppern befinden sich hier auch die Bedienelemente für die Schleppwinde. Meist sind zwei parallele Konsolen auf der Brücke angebracht zwischen denen ein Stuhl auf Gleitschienen steht. Die Konsolen tragen die Kontroll- und Bedienelemente für die Maschinen, die Antriebe und die Deckeinrichtung. Ferner gibt es eine elektronische Ausstattung für die sichere Navigation und Kommunikation. Es ist wichtig, dass alle Bedienelemente für den Kapitän leicht zu erreichen sind. Bei modernen Schleppern hat das dazu geführt, dass es nur noch eine Steuereinrichtung gibt, die von allen Seiten bedient werden kann.

Es ist nachvollziehbar, dass eine gute Rundumsicht für ein sicheres Beherrschen des Schlepper dringend notwendig ist. Der Aufbau des Steuerhauses hat sich in den letzten Jahren sehr verändert. Früher war die Brücke rechteckig und saß an der vorderen Kante des Deckaufbaus. Die moderne Brücke ist voll verglast mit einer perfekten Rundumsicht. Man spricht auch von der schwimmenden Telefonzelle. Die Fenster sind an der oberen Kante nach außen gekippt, um die Blendwirkung bei Sonnenlicht und die Reflexion bei Nacht zu reduzieren. Auch die gute Sicht nach oben muss vorhanden sein. Gerade wenn der Schlepper am überhängenden Bug oder Heck eines Schiffes arbeitet muss der Kapitän sehen kön-

ASD 2411 PETER – eine Übersicht der Brücke mit den riesigen Fenstern

nen, was über ihm passiert. Dazu sind in der Dachkante geneigte Fenster eingebaut.

2.2.6.c. Unterkünfte

Die Unterkünfte auf einem modernen Schlepper sind abhängig von der Größe der Besatzung und des Fahrtgebietes. Auf der einen Seite gibt es Schlepper mit einer „kompletten" Wohnung und auf der anderen Seite nur über Tag eingesetzte Schlepper mit nur einem kleinen Aufenthaltsraum mit Toilette und Dusche.

Es gibt verschiedene Vorschriften nach denen die Crewräume immer oberhalb der Wasserlinie angeordnet sein müssen. Das hat den Grund, dass dadurch der Zutritt erleichtert und das Verlassen der Räume über Fluchtwege verbessert werden kann. Zur Information: der Germanische Lloyd (GL) schreibt pro Besatzungsmitglied eine Fläche von 1,5 m^2 in der Messe vor.

Durch die Nutzung der schnell laufenden Dieselmaschinen und moderner Antriebskonzepte wurde die Isolierung gegen Schall und Vibrationen immer wichtiger. In einigen Fällen wurde das Deckshaus zur Verhinderung von Vibrationen mit entsprechenden „Puffern" auf den Rumpf gesetzt.

Einer der Deckshauspuffer auf der FRANCIA

Bei Hafenschleppern haben Kapitän und Ingenieur meist eine eigene Kabine mit eigenem Bad. Bei kleinen Schleppern müssen sie sich ein Bad teilen. Die Crewkabinen sind maximal für eine Zwei-Personen-Belegung vorgesehen. Das kommt selten vor, denn die Standardbesatzung beträgt heute maximal drei Mann. In vielen Fällen fahren sogar nur noch zwei Besatzungsmitglieder auf einem Schlepper. Ausnahme sind länger dauernde Seeeinsätze mit mindestens fünf Mann Besatzung. Alle Crewräume sind heute klimatisiert.

Einen wichtigen Punkt gibt es noch. Alle Zugänge/Schotten in das Deckshaus müssen wasserdicht ausgeführt sein. Außerdem müssen Türen, Fenster und Bullaugen so gebaut sein, dass sie etwaigem Wasserdruck standhalten können. Auf einigen Schleppern befindet sich zusätzlich noch ein wasserdichtes Schott zwischen der Brücke und dem Deckshaus. Sollten bei schwerem Wetter die Brückenfenster bersten kann das Wasser nicht gleich bis in das Deckshaus und von da aus in den Rumpf laufen.

2.2.6.d. Lüfter und Abgasrohre

Trotz der fehlenden Notwendigkeit – es gibt keine Dampfmaschinen mehr – werden immer noch größere Abgaskamine an die Schlepper angebaut. Für einige Schleppreeder ist dieses Teil besonders wichtig. Sie können dort ihr Reedereilogo anschrauben und die Schleppreederei ist schon von weitem zu identifizieren. Leider haben diese Anbauten aber einen großen Nachteil. Je größer der Kamin, desto schlechter ist die Rundumsicht auf dem Schlepper auch wenn die Brücke vollverglast ist.

Es gab viele Versuche die Abgasrohre aus dem Sichtfeld des Kapitäns zu verbannen. Einige Schlepper haben die Abgasrohre am Heck mit der Gefahr, dass die Besatzung auf dem Arbeitsdeck durch die Abgase behindert wird.

Der berühmte Heizergruß! Beim Hochdrehen der Maschinen kann es schon mal zu einer größeren Abgaswolke kommen

Bei modernen Schleppern ist die Rauchentwicklung sehr gering oder nicht mehr vorhanden. Das liegt an der neuen Motorentechnik. Die Schiffsdiesel sind meist mit Turboladern ausgestattet und diese Turbine brauchte früher sehr viel länger, um auf Umdrehungen zu kommen. Heute passiert so etwas verzugslos und das Kraftstoff-Luftgemisch ist besser, was zu einer verbesserten Verbrennung ohne Qualmwolke führt.

Viele Schlepper haben nur noch ein oder zwei vertikale Rohre mit einem möglichst geringen Durchmesser. Diese Rohre sind so hinter dem Deckshaus angebracht, dass sie die Sicht möglichst wenig behindern. Außerdem sind auch diese Rohre nach innen geneigt, um auch hier den Kontakt mit dem zu schleppenden Schiff bei Seegang zu verhindern. Die teilweise riesigen Schalldämpfer befinden sich unter Deck.

Blick auf den Schalldämpfer der FRANCIA

2.2.6.e. Zusatzausrüstungen

Einige der modernen Hafenschlepper sind mit zusätzlichem Equipment ausgestattet. Dabei sind die Art und der Umfang abhängig von ihrem Einsatzgebiet. Das Bekannteste dieser Einrichtung ist wohl der Löschmonitor. Schlepper, die im Hafen auch Feuerbekämpfungsaufgaben haben, kommen ohne diesen Zusatz nicht aus. Die Leistung dieser Monitore wird in verschiedenen Klassen ausgedrückt (z.B. FiFi 1 mit 2×1.200 m³/Std.).

Ein Feuerlöschmonitor der Firma FFS/ Norwegen aufgenommen auf der SMM in Hamburg

Diese Monitore sind meist auf dem Peildeck oder am Mast untergebracht. Eine erhöhte Anordnung erhöht die Reichweite. Es gibt einige Schlepper bei denen dieser Monitor an einem ausfahrbaren Mast angebracht ist. In seltenen Fällen wird für Schlepper eine containerisierte Feuerlöscheinheit angeschafft. In einer Box in der Größe eines Standardcontainers befindet sich ein Generator mit einer Pumpe. Auf dem Dach befindet sich dann der Monitor. Bei Bedarf wird dieser Container auf das Achterdeck des Schleppers gestellt und vor Ort in Betrieb genommen. Schlepper mit Feuerlöscheinrichtungen haben hin und wieder auch zusätzlich noch ein Selbstschutzsystem. In der Nähe von Feuern kann es so heiß werden, dass sich die Farbe vom Schlepper löst. Um Hitzeschäden zu vermeiden, wird die Außenhaut des Schleppers mit Seewasser gekühlt. Dazu ist an den äußeren Kanten des Deckshauses, der Brücke und teilweise des Schanzkleids ein Rohr mit Sprühdüsen verlegt. Bei Bedarf wird nun Wasser in dieses Rohr gepumpt und ein feiner Regen legt sich zum Schutz gegen die Hitze über das Schiff.

Als weitere Sonderausstattung haben Schlepper, die in Ölterminals ihren Dienst verrichten in vielen Fällen ein Ölbekämpfungssystem zur Verfügung. Auch hier gibt es sowohl die fest an Bord installierte, als auch die Container-Variante. In Gegenden mit starkem Frost (z.B. Finnland oder Alaska) haben die Container noch ein Heizelement eingebaut.

Alle anderen Ausstattungen, wie Suchscheinwerfer, Beiboote, Rettungsinseln, Radar, Funkanlage, Notrufeinrichtungen, Kompass und elektronische Seekarten sind nicht nur bei einem Schlepper vorhanden und sollen daher hier auch nicht weiter beschrieben werden.

Das Selbstschutzsystem in Betrieb. Die AHT PRIMUS in einem Nebel aus Wasser (©Besatzung Primus)

2.3. Schlepperbau

Peildeck der FRANCIA im Hafen von Genua/ Italien

Eine große Anzahl von Schleppern wird von Werften gebaut, die sich auf den Bau von kleineren Schiffen mit einem hohen Maß an modernen Technologien spezialisiert haben. Die Werft, die alles kann gibt es fast nicht mehr. Mit dem Rückgang der Werften weltweit haben einige Schiffsbauer die Chance genutzt und sich auf den Bau von Schleppern spezialisiert. Ein zweiter Punkt ist, dass die Lage der Werften abhängig ist von den dort herrschenden Lohnkosten. Zurzeit überholen die asiatischen Werften, die Werften im Osten in Preis, Lieferzeit und der Qualität. Einige Werften überleben nur, weil sie Schiffe in Serie bauen und nach den Vorgaben des Kunden ausstatten. Ein Schlepper aus der Serienproduktion zu nehmen ist erheblich billiger, als die komplette Neubauplanung durchzuführen. Ein Schlepperneubau kostet je nach Ausstattung bis zu 11 Millionen Euro.

2.3.1. Design und Entwicklung

Wenn ein Schlepper bestellt wird beginnt die eigentliche Arbeit. Der Designprozess ist eine Gemeinschaftsarbeit zwischen Reeder und Werft oder einem unabhängigen Designbüro. Meist ist die Entwicklung eine Gemeinschaftsarbeit von allen dreien. Durch die modernen Antriebsanlagen wird heute auch viel Entwicklungsarbeit vom Hersteller dieser Anlagen getätigt. Diese Firmen wissen am besten, wie alles zusammenpasst. Häufig haben Antriebshersteller umfangreiche Testanlagen zur Verfügung.

Das wichtigste vor dem Bau ist aber eine exakte Spezifikation – wo und wofür wird der Schlepper gebraucht. In diesem Fall werden oft die Erfahrungen und Wünsche von Kapitänen und Crew, Lotsen, Hafenbehörden und wenn z.B. für einen LNG-Terminal Schlepper gebraucht werden, die Wünsche des zukünftigen Kunden gesammel. In diesem Fall ist das der Reeder der LNG-Tanker. Eigentümer und Betreiber von Öl- und Gasterminals und Reedereien, die diese Anlagen benutzen, haben häufig strenge Vorschriften welche Arten von Schleppern benutzt werden sollen. Die Einteilung erfolgt nach Fahrverhalten, Ausrüstung (z.B. Feuerlösch-Ausrüstung) und Handhabung.

Bevor nun der Auftrag erteilt wird werden umfangreiche Computersimulationen durchgeführt. In diesen Programmen werden die neuen Schlepper schon vor deren Bau in ihrem zukünftigen Arbeitsgebiet getestet. Dabei können Tidenströme, Wind, Fahreigenschaften, Leistung und die Position des Schleppers während der Arbeit simuliert werden. Diese Tests sind sehr wertvoll, gerade wenn es sich um einen neuen Hafen handelt, bei dem noch keine Erfahrungen mit vorhandenen Schlep-

Rumpfbau für die BLACKADDER im Original. Die Spanten sind hier sehr gut zu erkennen (©Mike F.)

pern vorliegen. Bei den speziellen Escort-Schleppern oder Neuentwicklungen werden diese Programme schon vorher eingesetzt. Man nutzt sie um Schlepperkapitäne, Lotsen und Hafenkapitäne zu schulen. Nachdem nun der Schlepper virtuell existiert, beginnt die Arbeit am Modell für den Testtank. Das ist nichts anderes als unser Modellbau nur ohne Details. Der Rumpf des neuen Schleppers wird in einem bestimmt Maßstab gebaut und durch das Becken gezogen oder fährt selbst. Hierbei werden Daten über das Seeverhalten, die Stabilität, das Fahrverhalten und die Seefestigkeit gesammelt. Moderne Testanlagen können sogar Wellen im passenden Maßstab reproduzieren. Bei der Computersimulation und dem Test im Becken werden die Kenndaten von Rumpf und Antriebsanlagen ermittelt. Außerdem wird rechnergestützt das Strömungsverhalten erforscht. Bei diesem Test kann die Strömung an jeder Stelle des Unterwasserschiffes unter verschiedenen Bedingungen erforscht werden. Anschließend wird dann der Rumpf in Bezug auf Geschwindigkeit, benötigte Leistung und Fahreigenschaften optimiert. Alle diese Tests werden eventuell mehrmals wiederholt, bis alle Ergebnisse den Wünschen entsprechen. Später werden diese Ergebnisse unter Umständen noch bei Tests mit dem fertigen Schlepper überprüft.

Alle diese Tests sind sehr wichtig. Ein Schlepper muss besonders stark konstruiert sein, denn es wirken oft große Kräfte auf den Rumpf und die Antriebsanlagen. Man stelle sich einen Schlepper eingepfercht zwischen einer Pier und einem großen Schiff vor und man kann die dort herrschenden Kräfte erahnen. Um schwere Schäden zu verhindern muss schon im Designprozess darauf Rücksicht genommen werden. Die Festigkeit eines Rumpfes ist bedingt durch die Stärke der Rumpfplatten, den Abstand und die Größe der Spanten und die Schottwände. Inzwischen sind die inneren Strukturen im Rumpf sehr komplex. Gerade der Heckbereich eines ASD-Schleppers erhält seine Stärke durch Aussteifungen in Längs- und Querrichtung. Die Belastungsberechnungen werden heute von Computern erledigt. Wenn die oben beschriebene Arbeit erledigt ist werden Detailpläne für den Bau in der Werft erstellt. Der bekannte GA-Plan (General Arrangement oder Generalplan) wird schon bei der Angebotserstellung angefertigt. Er bildet z.B. die Grundlage für Preisverhandlungen.

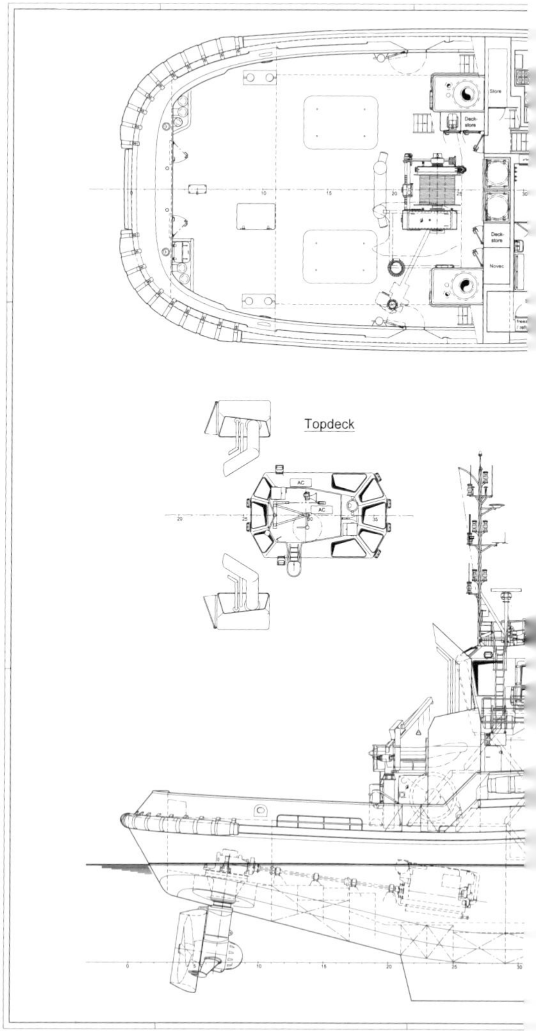

2.3.2. Konstruktion

Die modernen Schlepper sind heute fast ausnahmslos aus Stahl gefertigt. Auch die Aufbauten sind daraus und nur in seltenen Fällen kommt Aluminium zur Anwendung, um Gewicht einzusparen und den Schwerpunkt niedrig zu halten. Die Stahlplatten werden zunächst gereinigt und mit einem Primer gegen Rost behandelt. Dieser Primer lässt sich sogar überschweißen. Nach dem Zuschnitt, je nach Blechstärke mit Lasern, Plasmaschneidern oder Schneidbrennern, werden die Teile geformt und in Blöcken verschweißt. Es kommt auch vor das Teile bei einem externen Hersteller gefertigt werden und anschließend in der Werft zusammengefügt werden. Die Grundlage aller dieser Teile sind die CAD-Pläne, die während des Designprozess entstanden sind. Einige Werften haben zum Bau

GA-Plan – ASD 2913 MICHEL (©DAMEN Shipyards)

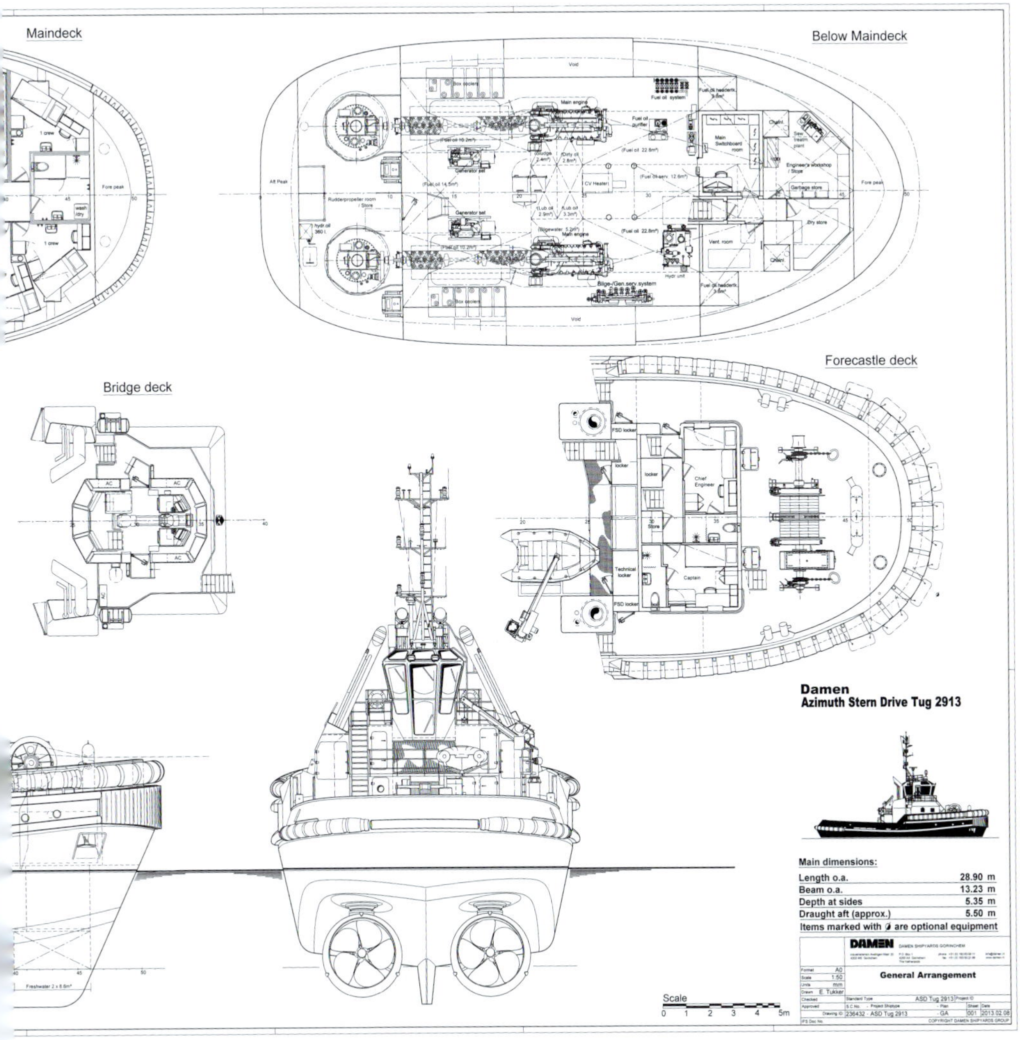

große Hallen, um auch bei schlechtem Wetter arbeiten zu können. Gerade für die Lackierung sind diese Hallen ideal. Wie schnell solch ein Schlepper abgeliefert werden kann liegt heute immer mehr an der Lieferzeit für Komponenten, wie den Antrieben und den Hauptmaschinen und an der Abnahme der Klassifizierungsgesellschaft.

2.3.3. Standard- und Serienproduktion

Für die Werften liegen die Nutzung und die Vorteile von Standarddesigns im Schlepperbau auf der Hand. Bedingt durch die Größe lohnt es sich Schlepper in großen Stückzahlen mit entsprechend geringerem Preis zu produzieren. Es gibt Werften, die verschiedene Standardschlepper entwickelt haben und diese Schlepper in einem schwimmenden Lager vorrätig haben. Diese fertigen Kaskos, in Billiglohnländern bei Subunternehmern gebaut, werden nach den Wünschen des jeweiligen Reeders ausgebaut. Die Werften treffen damit die Ansprüche einer großen Anzahl von Reedern. Wenn der Reeder trotzdem noch Änderungen wünscht ist das natürlich möglich, aber das schlägt sich in einem höheren Preis nieder. Durch den hohen Vorfertigungsgrad können diese Schlepper extrem schnell geliefert werden.

Eine andere Entwicklung kommt durch Designbüros, die komplette Schleppertypen entwickeln. Eine Werft ohne eigene Entwicklungsabteilung kann das Design dort kaufen und selbst bauen. Die andere Möglichkeit ist, dass der Reeder das Design kauft und der Werft seines Vertrauens den Auftrag erteilt diesen Schlepper zu bauen. Hier werden meist zwei oder mehr Schlepper für einen Reeder gebaut, damit die Stückkosten geringer ausfallen und die Schulung des fahrenden Personals standardisiert werden kann. Diese Designpakete können auf jeder kompetenten Werft gebaut werden, auf der die Qualität des Schlepper

Außenlager bei DAMEN Shipyards/Niederlande

garantiert wird. Diese Art von Schlepper wird jedes Jahr in großer Stückzahl rund um die Welt gebaut.

2.3.4. Stapellauf und Tests

Bedingt durch ihre geringe Größe sind Schlepper meist fast fertig, wenn sie das erste Mal ins Wasser kommen. Im Gegensatz zu früheren Zeiten wird heute der Schlepper bis auf einige Restarbeiten fertiggestellt und dann ins Wasser gesenkt oder gehoben. Die Zeiten in denen Schlepper mit einem großen Schwall ins Wasser rutschen sind selten geworden. Einige der Restarbeiten werden dann im Wasser ausgeführt. Dazu gehört z.B. das Einregeln der Maschine, der Getriebe, der Antriebe und anderer Einrichtungen im Maschinenraum. Da für diese Arbeiten dringend Wasserkühlung benötigt wird, lassen sich solche Arbeiten besser nach dem Stapellauf erledigen. Viele Werften haben für diese Arbeiten einen Ausrüstungskai.

Zusätzlich werden dann noch die elektronischen Einrichtungen und die Navigationsinstrumente eingebaut und angeschlossen.

Zu diesem Zeitpunkt ist die Lackierung bei Werften mit Bauhalle schon abgeschlossen. Bei den anderen Werften wird jetzt die Lackierung mit großer Sorgfalt vorgenommen. Während der Ausrüstungsphase und den anschließenden Tests wird besonders auf die Lackierung geachtet. Zu diesem Zeitpunkt befinden sich immer ein oder mehrere Beauftragte des neuen Eigentümers an Bord, die Kratzer im Lack nicht gern sehen.

Bevor nun der neue Schlepper an den Eigentümer übergeben wird, führt die Werft umfangreiche Tests durch. Diese Tests werden durch Mitarbeiter der Werft, Beauftragte des Eigentümers, der Klassifizierungsgesellschaft, Mitarbeiter des Designbüros und Spezialisten für Maschinen, Antriebsanlagen

Ein Blick auf die Ausrüstungspier bei DAMEN Shipyards/Niederlande

und andere Zulieferteile begleitet und überwacht. Schon bevor die Seetests starten werden alle Systeme „trocken“ an der Ausrüstungspier getestet. In einigen Fällen wird vor dem Auslaufen zu den Seetests noch der so genannte Krängungstest durchgeführt. Dabei wird ein bekanntes Gewicht von einer Seite zur anderen Seite bewegt, um den Schwerpunkt des Schiffes zu bestimmen. Dieses Thema ist wichtig für die Stabilität des Schiffes, die Berechnungen würden aber den Rahmen dieses Buch bei weitem sprengen.

Nun ist es Zeit den neuen Schlepper auf See zu testen. Es werden folgende Werte ermittelt:

- Drehkreise bei bestimmten Geschwindigkeiten
- Geschwindigkeit voraus und zurück
- Reaktionszeiten auf Ruderlagen
- Stoppstrecken bei bestimmten Geschwindigkeiten
- Pfahlzugtest

Jedes System an Bord hat bestimmte Reaktionszeiten. Gerade bei der Schiffsassistenz sind diese Zeiten sehr wichtig und entscheiden über Erfolg oder Schadensfall. Mir haben zwei Tests besonders gefallen. Beim Crash-Stopp wird der Schlepper von „Volle Kraft voraus“ auf „Stopp“ gebracht, indem die Antriebe auf „Volle Kraft zurück“ gehen. Man hat das Gefühl der Schlepper macht bei diesem Manöver einen „Diener“! Der andere Test ist das Drehen auf der Stelle. Da macht sogar den Männern das Tanzen Spaß!

Ein weiterer Test ist die Ermittlung der Freifahrtgeschwindigkeit voraus und zurück. Dabei fährt der Schlepper eine „Testmeile“ (Seemeile) einige Male in beide Richtungen ab. Die Zeit wird gemittelt und dadurch der Einfluss von Wind und Strom möglichst klein gehalten. Für die Ermittlung der Fahrt zurück wird der gleiche Test benutzt.

Mit der wichtigste Test auf diesen Werftprobefahrten ist der Pfahlzugtest. Durch die

BUGSIER 3 bei der Vorbereitung des Pfahlzugtests im Calandkanal in Rotterdam/Niederlande

verschiedenen Antriebssysteme ist es nicht mehr möglich die Zugkraft eines Schleppers allein durch die Maschinenleistung zu bestimmen. Dazu wurde ein allgemein gültiger Pfahlzugtest eingeführt. Der Pfahlzug wird gewöhnlich in Tonnen angegeben. Für die Durchführung dieses Tests gibt es umfangreiche Vorschriften von den Klassifizierungsgesellschaften. Es gibt Auflagen für den Ort der Durchführung, den Zustand des Schleppers, die Größe der Wasserfläche und für die Wassertiefe. Bei zu geringer Tiefe (<20 Meter) kann sich der Schlepper bei voller Leistung auf dem Grund „festsaugen". Wichtig ist auch, dass es in dem Gebiet keinen nennenswerten Tidenstrom gibt. Da moderne Schlepper 60-80 t Pfahlzug entwickeln, muss sowohl der Pfahl, als auch die Schleppleine stabil genug sein. In diese Schleppleine wird eine Messzelle eingeschäkelt, an der man den Pfahlzug ablesen kann. Die Schleppleine sollte dabei mindestens 300 Meter lang sein, um Fehler durch Wellenreflexionen an der Kaimauer oder dem Pfahl auszuschließen. Schiffsassistenzschlepper führen diesen Tests sowohl für Fahrt voraus, als auch für Fahrt zurück aus. (Siehe Anhang 1)

Für Escort-Schlepper gibt es nach der Indienststellung häufig noch einen weiteren Test. Da beim indirekten Schleppen Leinenzüge von bis 150 t auftreten, müssen für diese Tests spezielle Arrangements getroffen werden. Schleppreeder, Schiffseigner mit dem entsprechendem Schiff und Lotsen führen diese Tests gemeinschaftlich durch. Es wird dabei die Fähigkeit des Schleppers getestet das Schiff zu stoppen oder zu steuern, wenn eine Schleppverbindung mit dem Heck des Schiffes hergestellt ist.

2.4. Antriebskonzepte

Wie schon in einem der vorherigen Kapitel beschrieben gibt es drei klassische Antriebe für einen Schlepper. Jeder Schleppreeder hat meist seine persönlichen Präferenzen, wobei Einsatzgebiet, Größe und Kosten des neuen Schleppers auch hier eine große Rolle spielen. Bestes Beispiel ist wohl die Reederei URAG – jetzt Boluda – aus Bremerhaven, die nach fast 50 Jahren mit ausschließlich VSP-Schleppern erstmals wieder Schlepper mit Schottelantrieben in Dienst gestellt hat.

1:1-Test der Escort-Fähigkeit der RT MAGIC (©Schottel/Spay)

Aber um überhaupt den Antrieb in Rotation zu bringen braucht es einen Motor. Die Antriebsmaschinen eines Schleppers – bis auf wenige Ausnahmen Dieselmotoren – werden meist als Hauptmaschinen bezeichnet, um die Unterscheidung von anderen Maschinen für z.B. Stromerzeugung, Pumpen o.ä. zu erleichtern. Die Hauptmaschinen werden so ausgewählt, dass sie Anforderungen nach Leistung, Geschwindigkeit, Leistungsgewicht und Kraftstoffverbrauch erfüllen. Im Vergleich zu früheren Zeiten sind die Dieselmotoren heute nicht nur kleiner, sondern haben auch ein besseres Verhältnis von Leistung, Gewicht und Größe. Sie laufen schneller und sind elektronisch überwacht. Ein heute typischer Schiffsdiesel für einen Schlepper ist turboaufgeladen und hat bis zu 16 Zylinder in Reihe oder in V-Anordnung. Die Hauptmaschinen auf Schleppern werden allgemein in zwei Kategorien unterteilt: Mittelschnellläufer und Schnellläufer. Ein Mittelschnellläufer gibt seine maximale Leistung bei ca. 750 bis 1.000 U/min ab, ein Schnellläufer mit gleicher Leistung läuft dagegen mit 1.600 bis 1.800 U/min. Eine Hauptmaschine in einem modernen Hafenschlepper hat ca. 2.000-3.500 bhp Leistung(brake horse power). Die Leistung wird entweder in bhp oder Kilowatt (kW) angegeben. Die Werte für bhp werden unter kontrollierten Bedingungen bei Belastung der Antriebsmaschine ohne Nebenaggregate wie Anlasser etc. auf einem Teststand des Herstellers ermittelt.

Inzwischen sind weitere wichtige Merkmale bei der Entwicklung hinzugekommen. Der Umweltschutz beginnt eine immer größere Rolle zu spielen, sodass Rauchentwicklung und Abgase, wie Stickoxide und Feinstaub weiter reduziert werden müssen. Je nachdem in welchem Hafen der Schlepper eingesetzt werden wird, gibt es unterschiedliche Grenzwerte, die im Vorfeld bekannt und bei der Entwicklung der Dieselmotoren berücksichtigt werden müssen. Zurzeit fahren viele Schlepper mit Marinediesel oder Gasöl, aber es gibt schon einige wenige Schlepper,

Ein Antriebsdiesel der Firma CAT in einem modernen Schlepper. Im Bildhintergrund führt die Antriebswelle durch die Schottwand in Richtung Azimuthantrieb

Ein Standardantrieb mit Kortdüsen an einem Schlepper in der Bauhalle von DAMEN Hardinxveld/Niederlande

die mit LNG (z.B. die BORGOY von Bugser og Berging), diesel-elektrischem Antrieb oder Hybrid-Antrieb fahren. Bekanntes Beispiel für einen Hybrid-Antrieb in Europa ist die RT ADRIAAN von KOTUG im Hafen von Rotterdam. RT ADRIAAN ist eigentlich ein Schlepper mit Standardantrieb, der nachträglich mit einem Hybridsystem ausgerüstet wurde. 2014 wurde die BERNADUS an die Reederei Iskes Towage ausgeliefert. Dieser in den Niederlanden gebaute Schlepper ist der erste seiner Art, der von Anfang an als Hybrid-Schlepper geplant wurde. Mit diesem Schlepper ist es sogar möglich bis zu einer Geschwindigkeit von 4,5 kn rein elektrisch zu fahren.

BERNADUS – ein Hybridschlepper von Iskes Towage. Die Form ist allgemein bekannt. Es handelt sich um einen Schlepper von DAMEN Shipyards

2.4.1. Standardantrieb

Der Standardantrieb besteht aus einem oder zwei festen Antriebswellen mit Schiffsschrauben, Ruderblättern und „Kort-"Düsen. Bei kleinen Schleppern wird häufig auf Düsen um die Schiffsschrauben verzichtet.

Wie schon angedeutet gibt es zwei verschiedene Arten von Düsen. Die feste Düse ist Teil des Rumpfes, die drehbare Düse arbeitet gleichzeitig als Ruder. Wenn die drehbare Düse verwendet wird muss darauf geachtet werden, dass sie in Hartruderlage weder Schraube noch Schiffsboden berührt. Durch die hohen Kräfte benötigt diese Konstruktion eine starke Rudermaschine und alle Teile müssen besonders stabil ausgeführt werden. Die drehbare Düse wurde hauptsächlich für Ein-Schrauben-Schlepper verwendet.

Inzwischen wurde dieses System durch besonders effiziente feste Düsen und Hochleistungsruder abgelöst. Hier braucht die Rudermaschine nicht mehr so stabil zu sein, da die Kräfte erheblich geringer sind und die Düse fest mit dem Rumpf verschweißt ist. Bei dieser Kombination werden verschiedene Arten patentierter Ruderblätter verwendet. Einige haben besondere Querschnitte (Schilling-Ruder) oder ein zusätzliches kleines Blatt an der hinteren Kante (Becker-Ruder) zur Steigerung der Ruderwirkung.

2.4.2. Voith-Schneider-Antrieb (VSP)

Mit dem Einsatz des VSP wurde die Schleppschifffahrt geradezu revolutioniert. Die ursprüngliche Idee stammt von Ernst Schneider. Der Antrieb wird seit 1928 von der Firma Voith in Heidenheim produziert.

Eine Durchsicht eines modernen VSP-Escort-Schleppers (©Voith)

Die Besonderheit liegt in der vertikalen Drehachse des Antriebs. An einer runden Platte ist eine Anzahl von vertikalen Blättern ähnlich kurzen Flugzeugflügeln angebracht. Diese Platte rotiert um die vertikale Drehachse. Über eine so genannte Kinematik werden die Anstellwinkel der Blätter auf ihrer Kreisbahn verändert, was zu einem Schub in die entsprechende Richtung führt. Eine Verstellung der Kinematik führt zur Änderung der Schubrichtung. Der Antrieb erfolgt über einen Diesel- oder Elektromotor. Voith-Schneider-Antriebe arbeiten mit geringen Drehzahlen, die nur ca. 20-25% der Drehzahlen vergleichbarer Schraubenantriebe betragen. Durch die niedrigen Drehzahlen sind die auftretenden Kräfte sehr hoch, was eine schwere und robuste Konstruktion erfordert. Voith-Schneider-Antriebe sind im Vergleich zu Schottelantrieben erheblich schwerer und teurer. Die Antriebe sind ein in sich geschlossenes System mit einem eigenen Hydraulikkreislauf. Bei hoher Langlebigkeit benötigen die Antriebe einen sehr geringen Wartungsaufwand. VSPs werden heute mit bis zu 4 MW und einem maximalen Flügelkreisdurchmesser von 4 Meter gebaut. Bei dem o.g. Flügelkreisdurchmesser beträgt die Länge der Flügel 3,3 m. Die rechteckige Strahlfläche ist bei identischen Einbauverhältnissen etwa doppelt so groß wie die einer Schiffsschraube. Da der Antrieb zur Kursänderung nicht erst gedreht werden muss ist die Reaktionszeit sehr kurz.

2.4.3. Azimuthantrieb

Fast jedem Schiffsmodellbauer ist der Schottelantrieb ein Begriff. Er hat die Firma Schot-

Dieser „Schottel"-Antrieb ohne Kortdüse ist fertig zur Auslieferung und liegt auf dem Transportkarren. Von da aus wird er auf ein Binnenschiff verladen. Der Rhein läuft direkt hinter dem Firmengelände entlang

tel aus Spay am Rhein bekannt gemacht. Die oben genannten Antriebe gibt es allerdings nicht nur von dieser Firma. Inzwischen tummeln sich eine ganze Anzahl von Anbietern auf dem Markt. Da wird dieser Antrieb mit Namen wie Aquamaster (von Rolls-Royce), Z-Peller (von Niigata), Duckpeller und neuerdings auch der Radialpropeller (von Voith) angeboten. Vom Prinzip her sind alle genannten Antriebe gleich.

Bei diesem Antrieb hängt eine Gondel unter dem Schiffsboden. In dieser Gondel ist ein Winkelgetriebe untergebracht, in dem die Welle waagerecht verläuft. Außen an dieser Welle sitzt je nach Einsatzzweck ein Fest- (FP-Propeller) oder Verstellpropeller (CP-Propeller). Die Schiffsschraube hat zusätzlich noch eine „Kort-"Düse. Von der Gondel führt eine weitere Welle senkrecht in die im Schiffsrumpf liegende Winkelgetriebeeinheit. An diese Getriebeeinheit ist die Antriebsmaschine angeschlossen. Die Besonderheit dieses Antriebs ist, dass die Gondel um 360° drehbar ist. Der Propellerstrahl kann in jede beliebige Richtung gelenkt werden, sodass ein Ruderblatt entfällt. Der Schlepper wird mit dem Propellerstrahl gesteuert.

Ruderpropeller werden heute bis zu einer Leitung von 6.000 kW gefertigt. Der Propellerdurchmesser beträgt maximal 4,2 m. Im Verhältnis zum VSP sind Ruderpropeller vergleichsweise billig zu haben. Der Antrieb ist zuverlässig und ausgereift, benötigt aber mehr Wartung. Nachteilig ist die geringere Reaktionsgeschwindigkeit bei Kurswechseln. Eine Drehung des Antriebs um 180° kann bis zu 20 Sekunden dauern. Allerdings beginnt die Bremswirkung bereits zu Beginn der Drehbewegung und erreicht am Ende die Maximalwirkung. Durch die Drehbarkeit der Antriebe sind die gleichen Manöver wie mit einem VSP-Schlepper fahrbar.

2.5. Schlepphaken und Schleppwinden

Parallel zur Entwicklung der Schlepper ist auch das wichtigste Teil immer weiter verbessert worden: Die Schleppeinrichtung. Dabei wurde immer auf gute Funktionalität Wert gelegt. Gleichzeitig hat es in der Regel nach Unfällen immer noch zusätzlich einen Innovationsschub gegeben. Man versuchte aus den Fehlern zu lernen und die Schleppeinrichtungen zu verbessern. Im Anschluss findet sich ein kleiner Überblick über Schleppeinrichtungen damaliger Zeiten bis zu den Schleppsystemen von heute.

2.5.1. Der Doppelkreuzpoller

Der Doppelkreuzpoller ist eine der ersten Schleppeinrichtungen überhaupt. Hier wurde die Schlepptrosse festgemacht und der Schlepper konnte seine Arbeit aufnehmen. Es gab eine Anzahl von verschiedenen Knoten zum schnellen Lösen der Schleppverbindung. Diese Knoten variierten zwischen verschiedenen Ländern, sogar in verschiedenen Häfen eines Landes gab es Unterschiede. Wenn der Knoten nicht mehr schnell genug zu lösen war wurde die Verbindung im Notfall mit der Axt getrennt. Diese Art des Schleppens gibt es bis heute in den USA. Für das dort übliche Schleppen längsseits, sowie Drücken oder Ziehen über den Bug besteht bei dieser Methode wenig Kentergefahr. Für das „europäische" Schleppen ist diese Methode lebensgefährlich.

2.5.2. Der Schlepphaken

Die Entwicklung von Schlepphaken begann gegen Ende des 19. Jahrhunderts. Einige dieser Schlepphaken hatten auch schon eine Slipeinrichtung für den Notfall, allerdings war die noch ohne eine Fernauslösung. In vielen Fällen wurde hier aber trotzdem im Notfall

Blick auf das Radialgeschirr eines älteren Schleppers im Hamburger Hafen

noch die Axt verwandt. Noch 1959 gab es aber trotzdem noch drei Kenterungen von Schleppern in Deutschland, weil die Slipeinrichtung versagt hat.

1927 wurde das Radialgeschirr eingeführt. Dabei läuft der Schlepphaken auf einem Halbkreis. Die Funktion ist wie bei dem festen Haken nur die Stabilität des Schleppers im Einsatz wurde erheblich verbessert. Wenn die Schlepptrosse über die Seite des Schleppers geht, kam es zu einer mehr und minder großen Schlagseite. Das lag daran, dass der Angriffspunkt der Schlepptrosse mittschiffs lag und der Hebelarm entsprechend groß war. Mit dem Radialgeschirr ergibt sich ein rückstellendes Moment aus dem schräg angreifenden Schleppseil, was zu einer erheblich geringeren Schlagseite führt. Ein Kentern wurde damit erheblich erschwert.

Anfang der 60er Jahre des 20.Jahrhunderts wurde mit dem System Wieckhoff ein Haken für sicheres Slippen vorgestellt. Das Patent wurde später von Petersen & Alpers aufgekauft und an die Firma Oelkers & Eichler als Lizenznehmer weitergegeben. Dieser Haken wird hydraulisch in Position gehalten. Wenn er geslippt werden soll wird ein Ventil geöffnet und der Haken wird durch den Zug der Schlepptrosse nach unten gedrückt. Das Hydrauliköl fließt in den Tank zurück. Der Schlepphaken slippt umso schneller, je größer die Last am Haken ist. Anfang der 50er Jahre gab es den nächsten „Meilenstein".

Ein Mampaey-Schlepphaken auf einem Standardschlepper im Werfthafen in Gorinchem/ Niederlande

Der erste Scheibenhaken von der Firma Knief wurde vorgestellt. Viele Leser kennen vielleicht den Schlepphaken der Firma Mampaey, der nach dem gleichen Prinzip arbeitet. Beim Slippen wird die freiwerdende Energie in eine Rotation umgewandelt. Damit werden die Schiffsverbände und der Haken geschützt.

Beim Standardhaken „Typ Seebeck" wird diese Energie durch ein Polster innerhalb des Hakens aufgefangen. Bei beiden Systemen wird der Haken in der Regel hydraulisch ausgelöst. In einigen Fällen gibt es auch eine manuelle Auslösung. Die Auslösekraft unter Volllast wurde durch die Klassifizierungsgesellschaften begrenzt.

2.5.3. Schlepphaken mit Beistopper/ Schleppbock

Ursprünglich wurde die Schlepptrosse mit Hilfe des Beistoppers in Hecknähe auf dem Schlepper von Hand gesichert. Der Beistopper wurde auf einem Poller belegt. Um etwas verändern zu können, musste das Schleppseil lastfrei sein. Später wurde der Angriffspunkt der Schlepptrosse durch den Draht auf der Beistopperwinde sehr weit an das Heck des Schleppers verlagert. Mit der Winde ist das Einholen des Beistopperdrahtes auch bei belasteter Schleppleine möglich. Das erhöhte die Sicherheit, wenn der Schlepper rückwärts gezogen wurde. Man bedenke, dass sich der Haken mittschiffs hinter dem Deckshaus befindet. Wenn der Schlepper jetzt rückwärts hinter einem Schiff hängt und dieses aufstoppen will, wird er Schwierigkeiten bekommen in einer Linie mit dem Schiff zu bleiben und kann querschlagen. Durch die Verlagerung des Angriffspunktes der Schleppleine vom Haken an das Heck, wird der Schlepper durch den entstehenden Zug automatisch eine Linie mit dem Schiff und der Leine einnehmen. Das Prinzip dieses Beistopper gibt schon seit ca. 1910. Zu der Zeit wurden die Beistopperwinden allerdings noch mit Dampf betrieben. Später wurde die Winden mit Elektro- oder Hydraulikmotoren angetrieben.

Bei modernen Schleppern wurde die Beistopperwinde für die Schleppleine durch einen Schleppbock ersetzt. Auf diesen Schleppern gibt es die Beistopperwinde nur noch für Ankerarbeiten.

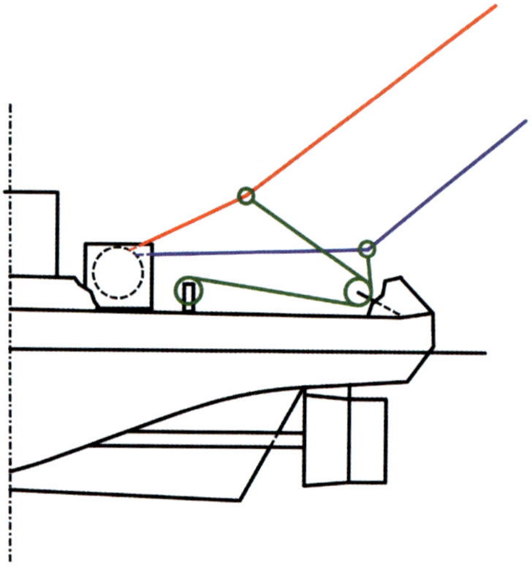

Die Funktion der Beistopperwinde. Mit dem Dichtholen der grünen Leine lässt sich der Dreh/Schlepp-Punkt weiter an das Ende des Schleppers verlegen

2.5.4. Schleppwinde

Die Entwicklung von Winden begann schon Ende des 19. Jahrhunderts. Damals wurden erste Winden für die Segelbedienung hergestellt. Die erste Schleppwinde wurde Anfang der 1920er Jahre auf Hochseeschleppern eingesetzt. Hier wurde die Winde mit Dampf angetrieben. Erst später gab es sie auch mit Diesel-, Elektro- oder Hydraulikantrieb. Die ersten Hafenschlepper – das waren in Deutschland alles Tractor-Schlepper – hatten ab etwa 1970 Schleppwinden und seit

Einführung des Drei-Mann-Schleppers sind Schleppwinden Standard auf Hafenschleppern. Auf modernen Hafenschleppern wird die Winde von der Brücke aus bedient. Auf einigen Schleppern gibt es ein zweites Bedienpult in der Nähe der Winde. Die Winde muss stark genug sein, um die Leine einzuholen und ist grundsätzlich mit einer Bremse versehen. Eine typische Schleppwinde hat einen maximalen Leinenzug von ca. 35 t und eine Haltekraft von 150 t.

Bugwinde auf der ASD3111 PAWLINA. Bei modernen Winden sind die Öldruckmotoren häufig im Windengehäuse verbaut. Das schützt vor eventuellen Beschädigungen

Die Trommeln sind je nach Präferenz des Reeders aber auch der Handhabbarkeit infolge des Gewichts mit Stahldraht oder einer Kunststoffleine ausgerüstet. ASD-Schlepper haben teilweise nur eine Winde auf dem Vordeck und auf dem Achterdeck nur einen Schlepppoller oder einen Schlepphaken. In vielen Fällen wurde aber auch auf diesen Schleppern eine Winde für Seeverschleppungen auf dem Achterdeck eingebaut. Ein besonderer Vertreter der ASD-Schlepper ist z.B. die neue FAIRPLAY I. Dieser „Kleinschlepper" hat nur eine Winde auf dem Vordeck. Für Seeverschleppungen kann die Trosse vom Backdeck durch einen Tunnel unter dem Deckshaus nach achtern gezogen werden. Dort wird die Trosse durch einen Schleppbock geführt und mit dem zu schleppenden Schiff verbunden.

Der Tunnel unter dem Deckshaus auf einem kleinen Fairplay-Schlepper. Durch diese Konstruktion lässt sich die Schleppleine nach achtern verlegen und die achtere Schleppwinde kann eingespart werden

Tractor-Schlepper brauchen durch ihre Art zu Schleppen nur eine Winde. Das Ende des Schleppers mit der Winde zeigt immer zum Schleppobjekt.

Schleppwinden auf modernen Escort-Schleppern sind hoch entwickelte Maschinen. Die Schleppleinen für diese Winden sind Spezialentwicklungen und können Zugkräfte von über 200 t zuzüglich Sicherheitsmarge vertragen. Nach heutigem Standard sind Escort-Winden mit Lastdämpfungssystemen ausgestattet, die eine Überlast durch dynamische Stöße in der Schlepptrosse verhindern. Die Winde gibt außerdem die

Schlepptrosse automatisch kontrolliert und lasthaltend frei, wenn 50% der Bruchlast der Trosse überschritten werden und holt ein schlapp werdendes Seil ein, sodass die Seilkraft erhalten bleibt. Die Bremse wird beim Escort-Schleppen nicht eingesetzt. Dieser Standard ist z.B. in den Regeln des Germanischen Lloyd (GL) festgelegt. Die Hol- oder Abspulgeschwindigkeit und die augenblickliche Zugkraft werden von diesen Winden per Sensoren erfasst und auf einem Monitor im Blickfeld des Kapitäns dargestellt.

2.5.4.a. Windentypen

Es gibt verschiedene Unterscheidungsmerkmale bei Schleppwinden. Eine mögliche Unterscheidung ist nach Anzahl und Anordnung der Trommel. Es gibt Winden mit einer oder mehreren unabhängig steuerbaren Trommeln auf einer Achse. Die Alternative sind Winden mit einer geteilten Trommel auf einer Achse. Bei der Anordnung hintereinander wird zwischen Wasserfall- oder umgekehrte Wasserfallanordnung unterschieden. Bei der Wasserfallanordnung liegt die hintere Trommel oben, beim umgekehrten Wasserfall unten. Auf Hafenschleppern haben diese Winden meist zwei Trommeln. Die obere Trommel wird in der Regel für Seeverschleppungen verwendet, auf der unteren Trommel befindet sich die Schleppleine für die Hafenarbeit.

Eine andere Unterscheidung erfolgt durch die Funktion. Konventionelle Winden arbeiten sowohl im Brems-, als auch im Antriebs-

Eine Doppeltrommelwinde in der Heckgarage auf einem Bugsier-Schlepper im Hamburger Hafen

Eine Reverse-Wasserfallwinde auf dem VSP-Schlepper MESSICO im Hafen von Genua/Italien. Diese Winde wird sowohl für Seeverschleppungen als auch für die Hafenarbeit verwendet

modus. Dabei wird die Schleppleine verkürzt, indem der Antrieb zugeschaltet wird. Die Ausgabe der Schleppleine erfolgt durch das Abschalten des Antriebs und Regulieren der Bremskraft. Diese Winde wird häufig auf Hafenschleppern verwendet, denn es gibt nur geringe Lastspitzen. Auch bei Seeverschleppungen wird diese Winde verwendet, da der lange durchhängende Schleppdraht die auftretenden Lastspitzen puffert.

Ein anderer Windentyp regelt die Zugkraft ständig nach. Diese Winde wird nur im Antriebsmodus betrieben und ist dadurch in der Lage die Zugkraft annähernd konstant zu halten. Lastspitzen werden bei dieser Art Winde verringert. Die Antriebsleistung und die zulässige Motorendrehzahl bestimmen die Geschwindigkeit und die Kräfte beim Ausgeben und Verkürzen der Schleppleine. Solche Winden sind Pflichtausstattung auf modernen Escort-Schleppern, auf denen eine möglichst konstante Kraft beim indirekten Schleppen erforderlich ist.

Eine Neuentwicklung für Escort-Schlepper ist die Render/Recovery-Winde. Die Winde arbeitet mit höheren Geschwindigkeiten beim Ausgeben und Verkürzen und kann dadurch die dynamischen Kräfte auf die Trosse bei hohem Seegang besser ausgleichen. Wie funktioniert nun diese Winde? Solange der Trossenzug kleiner ist als die Motorleistung der Winde bleibt diese im Antriebsmodus. Wird der Trossenzug größer als die Motorenleistung schaltet die Winde in den Bremsmodus um. Es gibt aber auch Betriebszustände in denen beide Modi aktiv sind. Diese Winde

ASD-REMO. Dies ist der erste Schlepper, der offiziell eine Escort-Zulassung von den Klassifikationsgesellschaften erhalten hat (© Miguel R.)

wäre derzeit beim GL nicht klassifizierbar. Da andere Klassifizierungsgesellschaften die Windenanforderungen nicht so genau festlegen, wurden Escort-Schlepper mit diesen Winden bereits klassifiziert.

2.5.4.b. Aufbau und Konstruktion

Alle Winden für Hafenschlepper bestehen aus Fundament, Rahmen mit Lagern, Achsen, Trommeln, Getriebeeinheit und Antrieb, Bremse und gegebenenfalls Kupplungen und Aufspulvorrichtungen. Dabei wird für den Einbau auf dem Schlepper meist ein werftseitiges Fundament verwendet.

Ab ca. 1930 wurden Schleppwinden mit Gleichstrommotoren angetrieben. Aber jeder Schiffsmodellbauer weiß, dass sich Feuchtigkeit und Strom nicht gut vertragen. Sobald andere Antriebe einsetzbar waren wurden die E-Motoren ausgetauscht. Auf die Dauer waren sie einfach zur wartungsintensiv und feuchtigkeitsempfindlich. Ab 1940 gab es Niederdruck-Hydraulikmotoren mit einem Druck bis ca. 64 bar. Diese Motoren sind meist als Flügelzellenmotoren ausgeführt.

druckmotoren sind sehr laut, und empfindlich gegen Verschmutzungen im Öl. Ein Freilauf ist möglich.

Wechselstrommotoren (Asynchronmotor) mit Frequenzumrichtern zur stufenlosen Drehzahlregelung gibt es seit Ende der 1990er Jahre. Diese Motoren sind fast wartungsfrei, feuchtigskeitsunempfindlich und sehr leise im Betrieb. Im Vergleich brauchen sie 30% weniger Energie bei gleicher Leistung. Die Anschaffungskosten liegen unter denen der Hydraulikmotoren. Schon vor dem Ende des 20. Jahrhunderts gab es polumschaltbare Wechselstrommotoren mit stufenweise verstellbarer Drehzahl.

In den USA gibt es noch Winden, die direkt von einem Dieselmotor angetrieben werden.

Um die Kraft der Motoren auf die Trommeln zu bekommen kann man Kupplungen zwischenschalten. Besonders, wenn mehrere Trommeln auf verschiedenen Achsen von einem Antriebsstrang angetrieben werden sollen, geht es nicht ohne. In diesem Fall handelt es sich meist um Klauenkupplungen,

▾ **Einer der drei Öldruckmotoren an der Bugwinde der AHTI/Finnland**

Das hat den Vorteil, dass schon bei kleiner Drehzahl ein hohes Drehmoment zur Verfügung steht. Das Getriebe ist sehr klein. Diese Motoren sind stufenlos regelbar, als hydraulische Bremse zu verwenden und sehr leicht zu reparieren. Bei dieser robusten und verlässlichen Konstruktion ist ein Freilauf leider nicht generell möglich.

Zur gleichen Zeit, wie die Niederdruck-Hydraulikmotoren, wurden auch Hochdruckmotoren vorgestellt. Die Motoren haben innen oder außenliegende, sternförmig angeordnete Zylinder. Auch dieser Motor ist stufenlos regelbar. Allerdings ist er als hydraulische Bremse ungeeignet, weil das nur mit Gegendruck funktioniert. Die Hochdie mit geringem Kraftaufwand im Stand geschaltet werden können.

Für eine Notauslösung, um einen Freilauf herzustellen, ist die Klauenkupplung nicht geeignet. Unter Last sind die Kräfte zum Öffnen der Kupplung sehr groß. Soll die Winde eine solche Notauslösung haben kommen Kupplungen zum Einsatz, bei denen die Haltekraft über die Reibung an einem Flansch am Trommelrand erzeugt wird. Eine andere Möglichkeit ist die Nutzung einer Lamellenkupplung auf der Antriebsachse. Die Reibkupplung ist für alle Antriebsarten geeignet, aber die übertragbaren Kräfte sind begrenzt. Die Lamellenkupplung ist für Elektroantriebe geeignet, da hier E-Motoren mit geringer Leistung und hoher Drehzahl über hochuntersetzte Getriebe die erforderlichen Drehmomente der Trommel erzeugen.

Bei größeren Winden auf Hafenschleppern gibt es häufig auch eine Aufspulvorrichtung. Sie soll ein lagenweises Aufwickeln ermöglichen. Das hat den Vorteil, dass sich die Trosse beim späteren Ausgeben nicht verhakt. Außerdem wird beim definierten Aufwickeln mittels der Vorrichtung der Draht vor zu hohem Querdruck geschützt. Der Antrieb der Aufspulvorrichtung erfolgt häufig mechanisch über die Windentrommel.

2.5.4.c. Sicherheit

Trotz der Entwicklung der Windentechnik kommt es immer noch zu Unfällen. In fast allen Fällen haben die Notauslösevorrichtungen etwas damit zu tun. Nach der Kenterung der BOURBON DOLPHIN am 12.04.2007 wurde erneut eine Diskussion über Notauslösung von Schleppwinden in Gang gesetzt. Bei der BOURBON DOLPHIN hat die Notauslösung der Niederdruckhydraulikwinde nur zu einem Abspulen von 12 m/min geführt. Die Winde war anscheinend nicht frei drehbar zu schalten, da die Motoren das – wie oben beschrieben – nicht zulassen. Eine entsprechende unter Last schaltbare Notkupplung war wohl auch nicht vorhanden. Die Winde hätte aber laut Hersteller mit 40 m/min abspulen können. Eine Hochdruckhydraulikwinde kann komplett frei geschaltet werden.

Eine andere Möglichkeit wäre eine Kupplung gewesen, allerdings scheidet hier auch die Klauenkupplung wegen der großen Trennungskräfte unter Volllast aus. Das alleinige Öffnen der Kupplung reicht aber nicht, um die Trosse ausrauschen zu lassen. Gleichzeitig muss noch die Bandbremse gelöst werden. Dabei muss darauf geachtet werden, dass eine Restbremskraft erhalten bleibt, damit die Trommel nicht überdreht und sich die Trosse verheddert. Probleme beim Lösen der Bandbremse an der Hochdruckwinde haben auch einen Beitrag zur Kenterung der FLYING PHANTOM am 19.12.2007 geleistet.

2.5.5. Sonderformen von Schleppeinrichtungen

Zusätzlich zu den o.g. Schleppeinrichtungen gibt es zwei Entwicklungen, die bisher nur eine Nische im Schleppgeschäft einnehmen. Allerdings war auch bei diesen Schleppeinrichtungen die Verbesserung der Sicherheit während des Schleppens oberstes Ziel. Beide Einrichtungen sollen ein Kentern des Schleppers mit dem System unmöglich machen. Trotzdem beide Systeme sehr selten sind sollen sie hier kurz vorgestellt werden.

2.5.5.a. Carrousel-Schleppsystem

Das Carrousel-Schleppsystem ist eine Idee von Dr.van der Laan, der nach der Idee mit der holländischen Schleppreederei Multratug ein Joint Venture gründete – Novatug. Ein vorhandener Schlepper der Reederei wurde mit diesem System ausgerüstet. Zuerst wurde die vorhandene Schleppwinde entfernt und der Aufbau modifiziert. Dazu wurde eine ringförmige Schiene rund um den Aufbau angebaut, die den gleichen Außendurchmesser wie die größte Breite des Schleppers an der Stelle hat. Auf dieser Schiene läuft ein Schlitten mit einer Winde darauf. Man hat sich hierbei die Vorteile des Radialgeschirrs zu Nutze gemacht. Selbst wenn der Schlepper quer zum Schleppobjekt liegt ist ein Kentern damit unmöglich. Der Schlepper kann sich während des Manövers um die eigene Achse drehen, ohne dass die geringste Gefahr besteht. Die Reederei hat nach den guten Erfahrungen jetzt zwei Neubauten auf Basis der gemachten Erfahrungen erhalten.

2.5.5.b. DOT Oval-Towing-System

Das dynamische Oval-Towing-System (DOT) ist eine Entwicklung der Firma Mampaey (Schlepphaken). Das Grundsystem ähnelt dem Carrousel-System, aber man ist noch einen Schritt weiter gegangen. Das Ziel einer Beistopperwinde bzw. eines Schleppbocks ist es den Schlepppunkt so weit wie möglich an das Ende des Schleppers zu verlegen. Das ist mit dem Caroussel-System nicht möglich. Bei Mampaey hat man aus dem Kreis ein Oval gemacht. Der größte Durchmesser des Ovals liegt in Schiffslängsachse und somit fast an den Enden des Schleppers. So hat man die Kentersicherheit wenn der Schlepper quer zum Schiff liegt und bei Bedarf die Zugkräfte, die benötigt werden damit der Schlepper automatisch eine Linie mit dem Schiff und der Leine einnehmen kann.

2.5.5.c. Auto Position Escort Winch (APEW)

Im Oktober 2009 begann die Firma JonRie ein neues Windensystem zu entwickeln. Die Winde entspricht in etwa dem o.g. Escort-Windensystem, bei dem die Winde fest hinter Schleppbock angebracht ist. Bei dem neuen System sind Schleppbock und Winde auf einer frei rotierenden Platte angebracht. Die Winde dreht sich nun bei der Nutzung immer in Richtung des Trossenzuges. Es sind inzwischen einige Tanktests durchgeführt worden bei denen erstaunliche Ergebnisse gemessen wurden. Sowohl bei VSP, als auch bei ASD-Schleppern wurde bis zu 37% mehr Brems- und Steuerkräfte gegenüber einem festen System ermittelt. Außerdem wird wie beim Radialhaken ein zusätzliches aufrichtendes Moment erzeugt, was die Sicherheit beim Schleppen noch weiter erhöht.

2.6. Navigationsbeleuchtung und Signalkörper

Bei diesem Kapitel möchte ich mich auf das Notwendigste beschränken. Interessierte Leser möchte ich gleich zu Anfang auf die Kollisionsverhütungregeln bzw. Seestraßenordnung verweisen, die im guten Buchhandel zu erwerben ist.

Wie jedes Seeschiff ist auch ein Schlepper mit der vorgeschriebenen Beleuchtung und den entsprechenden Signalkörpern auszurüsten. Bei Abnahme des Schleppers durch die Klassifizierungsgesellschaften wird dieser Punkt der Ausrüstung sehr genau geprüft. Grundlage für die Beleuchtung bilden die:

Internationale Regeln von 1972 zur Verhütung von Zusammenstößen auf See (Anlage zu §1 zu den internationalen Regeln von 1972 zur Verhütung von Zusammenstößen auf See) Kollisionsverhütungregeln

kurz: KVR

Die KVR sind in verschiedene Teile eingeteilt. Wobei die Teile B, C, D und E für den Schleppermodellbauer wohl am wichtigsten sind.

2.6.1. Teil B

Dieser Teil behandelt das Verhalten der Verkehrsteilnehmer untereinander. Die Ausweich- und Fahrregeln im Abschnitt I beinhalten die Regeln für sichere Geschwindigkeit in Abhängigkeit von Sichtverhältnissen, Verkehrsdichte, Wind, Seegang und Tiefgang des Schiffes im Verhältnis zur Wassertiefe. Außerdem geht es um die Möglichkeit der Gefahr eines Zusammenstoßes und der Vermeidung von Zusammenstößen unter Anwendung guter Seemannschaft. Die letzte wichtige Regel für Modellbauer in diesem Teil behandelt das Verhalten bei engen Fahrwassern und geht dabei auf bestimmte Verhaltensregeln in solchen Situationen ein. All diese Regeln gelten allgemein. Der Abschnitt II behandelt speziell das Verhalten von Fahrzeugen die einander in Sicht haben. Geregelt wird hier u.a. das Überholen, Verhalten bei entgegensetzten und kreuzenden Kursen, Maßnahmen des Ausweichpflichtigen, Maßnahmen des Kurshalters und die Verantwortlichkeiten der Fahrzeuge untereinander.

2.6.2. Teil C

Im Teil C wird es auch wieder für den Modellbauer interessant. Wer sich schon immer gefragt hat, wie die Beleuchtung eines Schiffes auszusehen hat, findet hier die Antwort. In Regel 22 geht im Allgemeinen um die vorgeschriebene Tragweite der Lichter. Die Tragweiten ergeben sich für die verschiedenen Lichter aus der vorgeschriebenen Lichtstärke (Abschnitt 8, Anlage I).

Regel 23 legt die Beleuchtung für ein Maschinenfahrzeug in Fahrt fest.

Ich gehe hier grundsätzlich nur auf Hafenschlepper unter 50 m ein. Ein Schlepper in Fahrt muss danach führen:

i) ein Topplicht
iii) Seitenlichter
iv) ein Hecklicht

In Regel 24 geht es im Besonderen um Schlepper. Beleuchtungsvorschriften für Schleppen und Schieben finden sich hier.
Ein schleppendes Fahrzeug muss führen:

Seitenlicht auf einem Schlepper. Inzwischen gibt es auch Schlepper mit je einem rotem und einem grünem Licht auf jeder Seite. Die Beleuchtung wird dann entsprechend der Fahrtrichtung eingeschaltet

i) an Stelle von Regel 23 (ein Topplicht) zwei Topplichter senkrecht übereinander. Wenn der Schleppzug vom Bug des Schleppers bis zum Heck des Anhangs länger als 200 Meter ist, drei solche Lichter senkrecht übereinander.
ii) Seitenlichter
iii) ein Hecklicht
iv) ein Schlepplicht senkrecht über dem Hecklicht
v) wenn der Schleppzug länger als 200 Meter ist, ein rhombusförmiges Signal dort, wo er am besten gesehen werden kann.

Als Ergänzung zu diesen Regeln muss hier noch erwähnt werden, dass der bei Modellbauern beliebte Ponton Seitenlichter und ein Hecklicht führen muss. Bei einer Gesamtlän-

ge über 200 Meter zusätzlich den Rhombus an gut sichtbarer Stelle. Weitere Vorschriften bezüglich längsseits Schleppen, verbundener Einheiten, oder geschobener Einheiten finden sich auch in Regel 24.

Zusätzlich zu allen diesen Lichtern, die der Schlepper im Einsatz führen muss gibt es in Regel 27 (Manövrierunfähige und manövrierbehinderte Fahrzeuge) noch eine zusätzlich Auflage.

Dazu heißt es in Abschnitt b, Ziffer i): Das schleppende Maschinenfahrzeug muss während des Schleppvorgangs drei Rundumlichter senkrecht übereinander führen. Dabei müssen das obere und untere Licht „rot“ und das mittlere Licht „weiß“ sein. Außerdem sind die Signalkörper „Ball-Rhombus-Ball“ senkrecht übereinander zu führen.

2.6.3. Teil D

In diesem Teil beschränken wir uns auf die Regel 34 (Manöver- und Warnsignale). Hier können sich Modellbauer auch wieder etwas abgucken. Wer weiß schon, wo der andere hinfährt? Das kann man mit folgenden Signalen angeben:

- ein kurzer Ton bedeutet: Ich ändere meinen Kurs nach Steuerbord
- zwei kurze Töne bedeuten: Ich ändere meinen Kurs nach Backbord
- drei kurze Töne bedeuten: Ich arbeite rückwärts

Wenn es dann einmal auf dem Wasser eng wird helfen die Signale aus dem Abschnitt c. Ein überholendes Fahrzeug gibt folgende Signale:

- zwei lange Töne und ein kurzer Ton: Ich beabsichtige, Sie an Ihrer Steuerbordseite zu überholen.
- zwei lange Töne und zwei kurze Töne: Ich beabsichtige, sie an Ihrer Backbordseite zu überholen.

Als Quittierung, das der Überholte das verstanden hat, gibt er einen langen, einen kurzen, einen langen, einen kurzen Ton.

2.6.4. Teil E

Im Teil E in der Anlage I sind die Anordnung und technische Einzelheiten der Lichter und Signalkörper festgelegt. Hier finden sich viele Hinweise für die vorschriftsmäßige Ausstattung unserer Schleppermodelle. Vom der Abstand der Lichter zueinander, über Größe der Signalkörper und der Horizontbögen der Navigationslichter ist alles mit Maßen angegeben, sodass eine Umrechnung in den Modellmaßstab sehr vereinfacht wird.

In Absatz 2 wurde festgelegt, dass bei Fahrzeugen über 20 Metern Länge das Topplicht mindestens in 6 Meter Höhe angebracht sein muss. Sollte das Fahrzeug aber breiter als 6 Meter sein sollte es in etwa der Höhe angebracht werden, die der Breite des Schiffes entspricht. Allerdings muss es nicht höher als 12 Meter über dem Schiffskörper angebracht sein.

Beispiel: Der Schlepper ist 11,60 m breit, dann sollte das Topplicht in 11,60 m Höhe angebracht sein. Eine Anbringung in 12 m Höhe ist auch noch zulässig. Ist der Schlepper allerdings 13,50 m breit so ist das Topplicht in 12 m Höhe anzubringen.

Der Abstand der drei Topplichter zueinander muss mindestens 2 Meter betragen.

Die Seitenlichter sollten in einer Höhe angebracht sein, die ca. 3/4 der Höhe des Topplichtes entspricht. Ist dies nicht möglich, dürfen sie aber nicht so tief angebracht werden, dass sie durch Deckslichter verdeckt werden.

Auch die Horizontbögen, über die die Lichter leuchten dürfen finden sich in den KVR.

Dort heißt es:

- das Topplicht: 22,5° achterlicher als querab zu jeder Seite (Gesamtsektor: 225°)
- das Hecklicht: 67,5° zu jeder Seite (Gesamtsektor: 135°)
- die Seitenlichter: Von Recht voraus bis 22,5° achterlicher als querab (Gesamtsektor: 112,5°)
- Ankerlichter und Lichter bei Manövrierbehinderung bzw. Manövrierunfähigkeit leuchten rundum (Gesamt: 360°!)

Auch die in Regel 27, Abschnitt B, Ziffer i erwähnten Signalkörper haben eine vorgeschriebene Größe. Der Ball muss einen Durchmesser von mindestens 0,6 m haben. Der Rhombus besteht aus zwei Kegeln. Dieser Kegel muss eine Grundfläche mit einem Durchmesser von 0,6 m und eine Höhe wie sein Durchmesser haben.

Noch eine kurze Anmerkung: Auf einigen Schleppern gibt es auf jeder Seite je ein Backbord- und ein Steuerbord-Seitenlicht. Auch die Schlepplaterne und das Hecklicht sind auf solchen Schleppern an jedem Ende angebracht. Für diese Bauart gibt es keine Vorschrift. Die Ausrüstung liegt allein im Ermessen des Reeders. Die Seitenlichter und das Heck/Schlepplicht sollten bei dieser Anordnung immer entsprechend der Fahrtrichtung des Schleppers gewählt werden.

2.7. Schleppeinrichtungen und Schleppmanöver

In diesem Kapitel geht es um die verschiedenen Arbeitsweisen der Schlepper, die im Kapitel 2.1 schon genauer vorgestellt wurden. Je nach Antriebskonzept und Einsatzgebiet werden unterschiedliche Schleppverfahren angewandt. Ich gehe bewusst nicht auf die Besonderheiten in den USA ein. Die mit den Standardschleppern angewendeten Schleppverfahren finden sich nur dort. Außerdem habe ich mich auf Manöver beschränkt, die man als Modellschlepperkapitän leicht mit seinem Modell nachvollziehen kann. Für den Interessierten gibt es gute Literatur über dieses Thema, allerdings nur in englischer Sprache.

2.7.1 Schleppeinrichtungen und Unterwasserschiff

Die Position von Finne oder Kiel (Totholz) zum Schleppbock an Oberdeck stehen in einem direkten Verhältnis zueinander. Bei einem Tractor-Schlepper, gleich ob er mit Azimuthantrieben oder VSP angetrieben wird, und auch bei der oben erwähnten Neuentwicklung eines ASD-Schleppers von Wärtsilä steht der Schleppbock direkt über der Finne an Deck. Wie vorher schon beschrieben übernimmt der Schleppbock die Aufgaben des Beistoppers. Mit dem Schleppbock wird der Angriffspunkt der Schlepptrosse möglichst weit an das Ende des Schleppers gelegt. Die Finne sorgt bei einem Tractor-

Schlepper für einen besseren Geradeauslauf. Außerdem wird damit das Unterwasserschiff (Lateralplan) vergrößert. Bei Schleppmanövern ergibt sich durch die größere Fläche ein erheblich größerer Wasserwiderstand.

Ähnlich ist es bei den bisherigen ASD-Schleppern. Hier ist die Finne etwas anders geformt und verläuft unter dem ganzen Rumpf fast bis zum Bug. Auch dieser „Anbau" soll den Geradeauslauf verbessern und den Lateralplan vergrößern. Im Unterschied zum Tractor-Schlepper steht der Schleppbock auf dem Backdeck sehr nahe am Bug. Sobald Kräfte den Schlepper aus der Linie zu seinem Schleppanhang bewegen entsteht eine Rückstellkraft. Diese Rückstellkraft sorgt dafür, dass der Schlepper immer eine Position einnehmen wird, in der sein Ende mit dem Schleppbock in Richtung Schleppanhang zeigt.

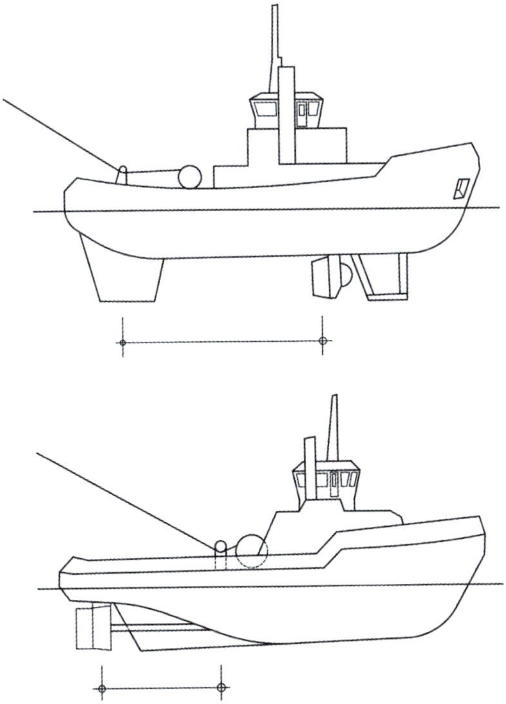

Eine kleine Grafik zu den verschiedenen Schlepppunkten (©V.Landwehr)

Zum Verständnis: Man nehme ein Brett und schlage sehr dicht an einem Ende einen Nagel hinein. An diesen Nagel bindet man ein Stück Schnur. Wenn man nun an der Schnur im rechten Winkel zum Brett zieht, wird sich das Ende des Brettes mit dem Nagel in Richtung der Zugkraft bewegen. Wenn man nun aber den Nagel in die Mitte des Brettes einschlägt und den Versuch wiederholt wird sich das Brett mit ein wenig Kraftaufwand auf den Kopf drehen. Der Schleppbock kann ein Kentern weitestgehend verhindern oder zumindest erschweren.

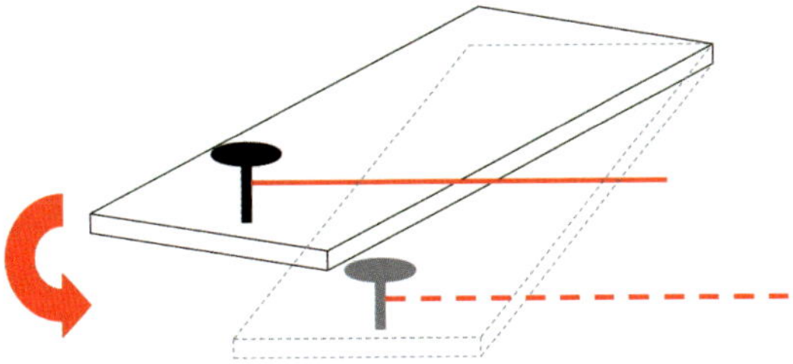

Schlepppunkt am Heck

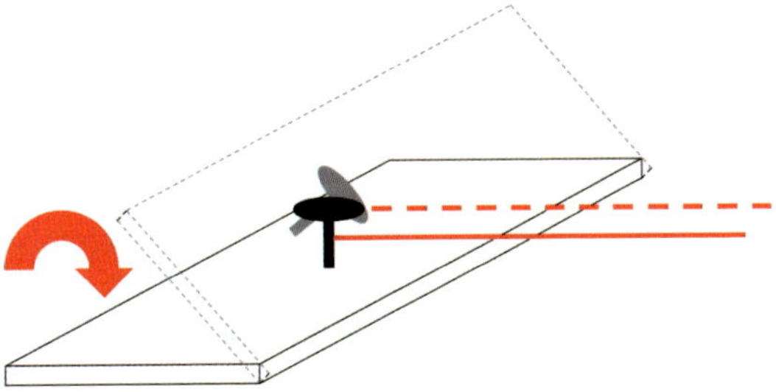

Schlepppunkt mittschiffs

Bei beiden Schlepperarten sind die Antriebe unter dem Rumpf und der Schleppbock auf dem Deck möglichst weit voneinander entfernt. Dabei steht die Schleppwinde bei einem Tractor-Schlepper auf dem Achterdeck und die Antriebe befinden sich unter dem Bug. Beim ASD-Schlepper ist es genau umgekehrt, denn die Antriebe sind unter dem Heck und der Schleppbock steht am Bug. Die große Entfernung von Antrieben und Schleppbock (Schlepppunkt) sorgt dafür, dass sich Schlepper und Anhang immer leicht in eine Linie zueinander bringen lassen. Daraus folgt, dass sich der Schlepppunkt (Schleppbock) IMMER zwischen den Antrieben des Schleppers und dem Schleppanhang befinden müssen um die oben beschriebene Rückstellkraft nutzen zu können.

2.7.2 Schleppmanöver

Grundsätzlich kann man mit ASD-Schleppern und Tractor-Schleppern die gleichen Manöver ausführen. Der Unterschied liegt in der Lage des Schleppers zum Schleppobjekt. Bei allen Manövern zeigt immer das Ende des Schleppers, auf dem sich die Winde befindet, in Richtung des Schleppobjektes. Das bedeutet, dass ein ASD-Schlepper, der als „Kopfschlepper" eingesetzt wird mit dem Bug in Richtung des Schleppobjektes liegt und somit rückwärts vorweg fährt. Bei einem Tractor-Schlepper ergibt sich aus der Lage der Winde, dass er vorwärts fährt. Wenn jetzt die Schlepper als Heckschlepper eingeteilt werden, dann ergibt sich ein anderes Bild. Der Tractor-Schlepper hat seine Winde auf dem Achterdeck, das jetzt zum Schleppobjekt zeigt. Der Tractor-Schlepper fährt somit rückwärts hinter dem Schleppobjekt her. Beim ASD-Schlepper ist es genau anders herum. Er fährt vorwärts, das Vorschiff mit der Winde in Richtung des Schleppobjektes.

Ein Standard-Schlepper wird meist nur als Kopfschlepper eingesetzt und nimmt das Schleppobjekt „auf den Haken". Dabei wird die Schleppleine vom Schleppobjekt durch den Schleppbock zum Haken oder der Winde geführt. Diese Art des Schleppens ist nicht ganz ungefährlich, denn die Antriebe befinden sich zwischen dem Schlepppunkt auf dem Schlepper und dem Schleppobjekt. Die Rückstellkraft ist somit nicht vorhanden. Ein erfahrener Schlepperkapitän kennt diese Einschränkungen und ist in der Lage gefährliche Situationen weitestgehend zu vermeiden. Alternativ gibt es die Möglichkeit – wie oben schon einmal beschrieben – die Leine durch einen „Beistopper" zu kontrollieren.

Schleppmanöver werden dann notwendig, wenn sich große Schiffe in engen Gewässern oder Häfen bewegen. Dabei sind sowohl Steuer- als auch Bremskräfte notwendig. Ein Containerschiff mit einigen zehntausend Containern kann nicht nur schlecht „bremsen", sondern hat auch mehr Windangriffsfläche, als ein großes Segelschiff Segelfläche. Die Schlepper wirken dann wie ein vergrößertes Ruder. Je nach Hafen bzw. Schiffsgröße sind entsprechende Pfahlzüge vorgeschrieben, die die Schlepper erreichen müssen. Die Schlepperbestellung läuft dann über den Lotsen an Bord. Der Lotse teilt den Schleppern auch ihre Aufgaben zu. Der Kopfschlepper ist dabei meist nur für Kursänderungen (wenn die Maschine des Schleppobjektes noch mitläuft und die Schraube sich dreht), der Heckschlepper ist für Kursänderungen und das Aufstoppen zuständig.

Hafenmanöver werden meist mit Geschwindigkeiten unter 6 kn gefahren. Die Schlepper ziehen dann in die Richtung, in die sich das Schiff bewegen soll.

Beispiel: Das Schleppobjekt soll nach Backbord drehen und hat einen Kopfschlepper und einen Heckschlepper (beides ASD-Schlepper). Der Kopfschlepper ändert nun seinen Kurs und fährt nach Backbord (mit dem Heck zuerst). Der Heckschlepper dreht seine Antriebe nun fast um 180° (als würde er rückwärtsfahren wollen) und zieht das Heck nach Steuerbord (direkter Modus). Bei Tractorschleppern erfolgt das Manöver genauso, nur ist die Lage der Schlepper zum Schleppobjekt – wie oben beschrieben – im Vergleich zum ASD-Schlepper genau umgekehrt.

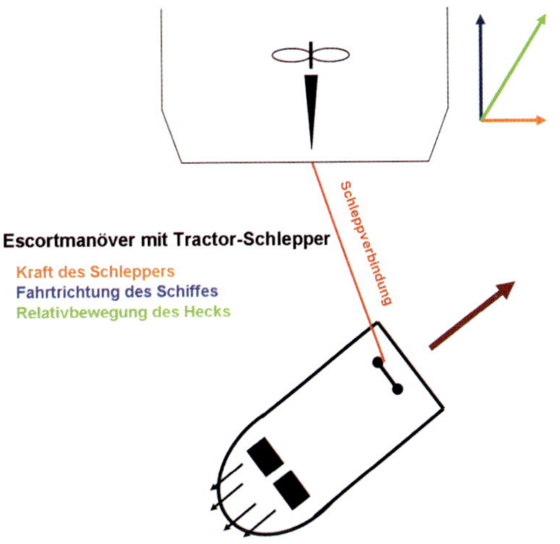

Escort-Schleppen mit einem Tractor-Schlepper

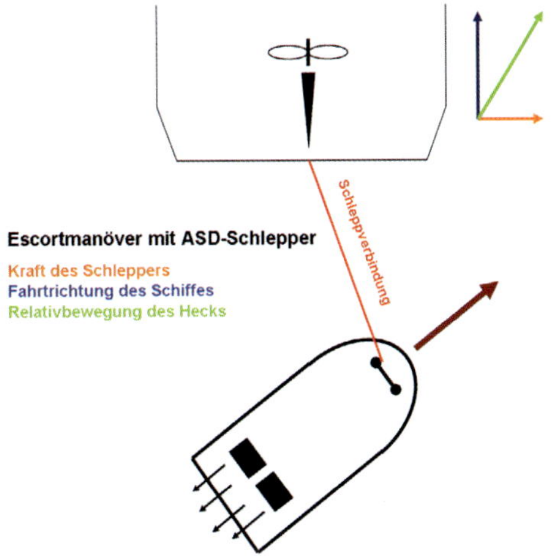

Escort-Schleppen mit einem ASD-Schlepper

Bei Geschwindigkeiten unter 6 kn fällt es den Schleppern leicht das Schleppobjekt nur mit den Antrieben zu bewegen.

Bei Geschwindigkeiten über 6 kn reicht die Antriebskraft allein nicht mehr aus. Das oben beschriebene Manöver würde dann wie folgt aussehen. Der Kopfschlepper würde wieder den Kurs nach Backbord ändern. Der Heckschlepper würde aber seinen Kurs leicht nach Steuerbord ändern und die Antriebe so lassen. Durch den Zug an der Schleppleine bewegt sich das Heck nach Steuerbord. Gleichzeitig verringert sich die Fahrt des Schleppobjektes durch den Wasserwiderstand des fast quer zur Fahrrichtung liegenden Heckschleppers (indirekter Modus).

Daraus folgt: Bei geringen Geschwindigkeiten wird im direkten Modus gearbeitet. Die Maschinen mit den Antrieben erzeugen die nötigen Kräfte. Bei höheren Geschwindigkeiten wird der indirekte Modus und damit die hydrodynamischen Kräfte des Rumpfes genutzt.

2.7.3 Escort-Manöver

Erste Escort-Manöver gab es in den USA schon 1975. In Europa wurde diese Art des Schleppens teilweise erst viel später eingeführt. Immer wenn es ein Tankerunglück gegeben hat, wurde neu über die Assistenzmethoden diskutiert. Worüber vorher viele Jahre gestritten wurde, wurde dann innerhalb weniger Wochen und Monate eingeführt. Auch die Einführung der Escort-Manöver in europäischen Häfen lag immer in zeitlicher Nähe zu Schiffsunglücken dort. Wie schon weiter oben beschrieben geht um das Begleiten eines Schiffes von See aus in dem Hafen. Der Grund für diese Art von Assistenz liegt in der Gefahr, die von großen Öl- oder Gastankern ausgeht. Wenn es dort an Bord zu einem Ausfall der Maschine oder des Ruders kommt führt das nicht selten zu einer Umweltkatastrophe von sehr großem Ausmaß.

Der „Escort-Schlepper" wird nun schon weit draußen auf See am Heck des zu begleitenden Schiffes angespannt. Die ankommenden Schiffe haben dort noch eine sehr hohe Geschwindigkeit. Ein Escort-Schlep-

per muss in der Lage sein diese Geschwindigkeit mitzugehen bzw. sogar noch schneller zu sein, sonst lässt sich keine Schleppverbindung herstellen. Der Schlepper fährt nun – mit seiner Schleppleine von der Winde zum Heck des Schiffes – hinter dem Schleppobjekt her. Der Schlepper muss nun dafür sorgen, dass das Schleppobjekt aufgestoppt oder bei Kurswechseln unterstützt wird. Bedingt durch die hohen Geschwindigkeiten wird hier der indirekte Modus verwendet (siehe auch Kap. 2.7.2). Um nun die Geschwindigkeit des Schleppobjektes zu verringern oder es ganz aufzustoppen, wird wie folgt verfahren. Zuerst werden die Antriebe auf „Leerlauf" gestellt. Allein der vorhandene Wasserwiderstand führt zu einer Verringerung der Geschwindigkeit von ca. 3 kn. Bei einem ASD-Schlepper werden die Antriebe anschließend mit drehender Schraube nach außen gedreht (der Schraubenstrom geht nun im rechten Winkel zur Mittschiffsachse nach außen). Dieser Zustand wird in der Fachsprache „Traverse-Arrest" genannt. Erst wenn die Geschwindigkeit noch weiter verringert werden soll, werden die Antriebe

RT ANTONIE im Hafen von Bremerhaven als Heckschlepper an einem Autotransporter (©V.Landwehr)

mit der Ausströmöffnung nach vorn gedreht („Full-Arrest"). Dabei muss die Motorendrehzahl im Auge behalten werden, denn die Wasserströmung kann auf die Schiffspropeller wirken und die Maschinen abwürgen. Bei VSP-Schleppern wird ähnlich verfahren, nur das dort nach dem Verringern der Geschwindigkeit zum Aufstoppen die Schubrichtung der Antriebe gegen die Fahrtrichtung gelegt wird. Für Kurswechsel wird so verfahren, wie schon im Kap. 2.7.2 beschrieben. Unter Umständen sind besondere Maßnahmen für die eine oder andere Ansteuerung notwendig. Besonders für Escort-Arbeiten in Gewässern mit Eisgang sind besondere Maßnahmen zu ergreifen, die an dieser Stelle aber zu weit führen würden.

▾ ASD 2411 MALTA als Heckschlepper bei einem Schleppmanöver im Hafen von Genua/Italien

Kapitel 3 Das Modell

Als ich begann dieses Buch zu schreiben, habe ich lange überlegt wie ich diesen Teil des Buches aufbauen sollte. Schließlich kam mir die Idee Anhand eines Schleppermodells die folgenden Kapitel Schritt für Schritt abzuarbeiten. Außerdem wollte ich dem interessierten Leser am Ende eine Gesamtsumme der Kosten für diesen Eigenbau präsentieren können.

Was nun fehlte war ein passendes Modell. Im Jahr 2005 war ich das erste Mal in Genua. Die dort ansässige Reederei hat eine große Anzahl von Tractor-Schleppern. Schon damals war mir die FRANCIA No.99 aufgefallen. Ich erinnerte mich daran und nutzte einen Italienurlaub mit der Familie für einen erneuten Besuch in Genua. Mein Besuch der Reederei war dann auch ein voller Erfolg. Ich

Die FRANCIA auf dem Rückweg von einem Job

traf den Juniorchef, der mir jegliche Unterstützung zusagte und zu meiner großen Freude diese Zusage auch einhielt. Ich hatte die Möglichkeit mir alle benötigten Pläne auszusuchen. Die wurden dann von der Reederei kopiert und nicht einmal eine Woche nach meiner Rückkehr aus dem Urlaub lagen die Unterlagen in meinem Briefkasten. Ebenso konnte ich den Schlepper von der Mastspitze bis zum Keilschwein untersuchen und fotografieren. Die Fotos vom Baufortschritt und dem fertigen Modell habe ich gern wie versprochen in der Reederei abgeliefert.

Die FRANCIA No.99 wurde 1997 auf der Werft DAMEN Bergum im Auftrag von Rimorchiatori Riuniti Genova/Italien gebaut. Es gibt zu diesem Schlepper eine Schwester, die GENUA No.98. Alle Schlepper der Reederei sind in einem schrillen Orange gestrichen. Die Steuerhäuser sind weiß.

Die FRANCIA ist 29,95 m lang und 10,20 m breit, der maximale Tiefgang beträgt 5,85 m. Sie hat zwei Deutz-MWM SBV8M628 Dieselmotoren, die zusammen 4.570 bhp entwickeln und zwei Azimuthantriebe vom Typ Aquamaster 2001 antreiben. Die Schiffspropeller haben einen Durchmesser von 2.300 mm. Diese Konfiguration ergibt einen Pfahlzug von 56 t und eine Geschwindigkeit von 12 kn.

Die Schleppwinde stammt von der Firma Kraaijeveld und hat eine Haltekraft von 120 t. Die Trommel trägt ein Stahlseil von 600 m Länge und einem Durchmesser von 48 mm. Die Winde ist mit einer Auftrommelmechanik ausgestattet, die aber nicht immer genutzt wird. Am Windenfundament befindet sich ein Schlepphaken der Firma van den Graaf B.V. (heute: Machinefabriek L. Straatman B.V.) vom Typ GSH65 mit einer SWL (Safe working load) von 65 t.

Auf dem Backdeck steht ein Knickarmkran der Firma Effer Typ 20000. Davor befindet sich die Doppelankerwinde. Die beiden Anker werden in Taschen am Bug gefahren. Ferner hat die FRANCIA ein FiFi1-Ausstattung mit zwei ferngesteuerten Monitoren mit einer Leistung von je 1.200 m^3/h. Zusätzlich zu den Monitoren gibt es in dem Handlauf des Schanzkleides eine Sprühanlage zum Selbstschutz.

Der Schlepper fährt im Hafen mit drei Mann Besatzung, hat aber Unterkünfte für bis zu sechs Personen inkl. Kapitän und Ingenieur.

Schleppwinde auf dem Achterdeck der FRANCIA

FiFi-Monitore der FRANCIA

Bisher habe ich entweder im Maßstab 1:20 oder 1:50 gebaut. Beide Maßstäbe kamen hier nicht in Frage. Bei 1:50 wäre das Modell zu mickrig (59 cm lang) und eventuelle Sonderfunktionen nur schwer möglich und bei 1:20 wäre es ein Monster von 150 cm Länge und 51 cm Breite. Das macht dann ein Gewicht, das allein nicht mehr handhabbar ist. Ich entschied mich für einen Kompromiss zwischen beiden Maßstäben und wählte den zumindest im Ausland gängigen Maßstab 1:32 (Spur I). Das ergibt ein Modell von 93 cm Länge und knapp 32 cm Breite. Das ist dann groß genug für etwaige Sonderfunktionen, aber noch so klein, dass es gut in den Kofferraum passt.

Die Schiffspropeller haben ca. 70 mm Durchmesser und das Modell wiegt rund 17 kg.

3.1. Schlepperrumpf

3.1.1 Rumpfbau

Über den Bau von Modellrümpfen gab und gibt es eine Menge Bücher und Artikel. Ich möchte deshalb nur kurz und auf die Besonderheiten eingehen. Ich arbeite gern mit Spanten, die auf das Hellingbrett geschraubt werden und deren Zwischenraum mit Bauschaum ausgefüllt wird. Dabei sollte man darauf achten, dass am Anfang nicht zu viel Schaum dazwischen gespritzt wird. Der Schaum dehnt sich sehr stark aus und bricht die Spanten vom Brett. Wenn der Schaum ausgehärtet ist, wird er mit einem scharfen Messer bis auf die Spanten entfernt. Der „Block“ wird nun großzügig mit

Rumpf im Rohbau

Polyester- oder Epoxydharz eingestrichen. Nach dem Aushärten ist die Form fertig für die Spachtel- und Schleifarbeiten. Nach Möglichkeit sollte das Totholz eines ASD-Schleppers gleich mit angeformt sein. Dieses Bauteil hinterher haltbar mit dem Rumpf zu verbinden erfordert einen erheblichen Aufwand. Anders ist das bei einer Finne für den Tractor-Schlepper. Die Finne kann nach Fertigstellung der Rumpfschale durch einen Schlitz in den Rumpf gesteckt werden und sollte dann so lang sein, dass man sie an der Unterseite des Oberdecks befestigen kann.

Bei Rümpfen, von denen ich nur einen „Abzug" brauche kopiere ich die Spanten so, dass sie um die Wandstärke des späteren Rumpfes kleiner sind. Nietenzähler werden jetzt bemängeln, dass dann die Form des Rumpfes beim Überlaminieren verloren geht. Das sehe ich anders. Viele Tractor-Rümpfe sind Rundspanter und die Lagen des Glasgewebes verändern diese Form nicht. Bei Knickspantrümpfen ist an den Kanten natürlich eine zusätzlich Nacharbeit erforderlich. Der Rumpf der FRANCIA besteht aus drei Lagen 580-g-Gewebe. Dieses Gewebe kaufe ich bei einem ortsansässigen kunststoffverarbeitenden Betrieb. Trotz der Dicke lassen sich damit noch relativ scharfe Kanten abbilden. Die letzte Lage strich ich noch mit Harz ein, das ich vorher mit etwas Thixotropiermittel eingedickt habe. Nun musste nur noch der Rumpf gespachtelt und geschliffen werden. Erst als die Oberfläche die passende Güte hatte konnte ich den Rumpf entformen.

Rumpf fertig laminiert. Im Vergleich dazu befindet sich dahinter eine Rumpfform für einen ASD-Schlepper im gleichen Maßstab

3.1.2 Anker

Die Ankertaschen sind aus 1-mm-Polystyrolplatte. Aus dem Plan konnte die exakte Lage und Größe der Taschen abgenommen werden. Mit der Minifräse wurden die Löcher in die Rumpfschale geschnitten und die Taschen mit Zwei-Komponenten-Kleber verklebt. Bei den Ankern handelt sich um einen Standardanker Pool TW (z.B. von der Firma Woertelboer), die bei allen Schleppern der Damen-Werft verwendet werden. Der Anker besteht nur aus miteinander verschweißten Blechplatten und lässt sich leicht aus kleinen PS-Stücken nachbauen. Da ich sehr guten Kontakt in die Niederlande habe, bot sich mir die Möglichkeit zwei fertige Anker im 3D-Druck dort zu bestellen. Die Qualität ist sehr gut, der 3D-Druck ist die Zukunft im Modellbau. Von den Ankertaschen führt das Kettenrohr auf das Backdeck zur Ankerwinde. Die Anker und die dazugehörige Winde werden nicht funktionsfähig ausgeführt. Wie oben beschrieben sind Anker auf Schleppern nur für den Notfall und ich hoffe, dass der nie eintreten wird.

3.1.3 Dockstütze, Finne und Details am Unterwasserschiff

Die Dockstütze besteht aus 8-mm-Messingrohr und diversen Messingblechstreifen der Stärke 0,4 mm. Zuerst fertigte ich alle vier Einzelträger, wobei die beiden äußeren Stützen identisch sein mussten. Der Plan der Dockstütze enthielt alle notwendigen Maße. Um nun die Teile gerade und winkelgenau zu verbinden, erstellte ich eine Schablone aus Platinenmaterial. Diese heftete ich mit einigen Lötpunkten auf den unteren Querträger. Die Stützen zum Rumpf lehnte ich nun an diese Schablone an, und konnte sie so ohne Schwierigkeiten mit dem Querträger verlöten. Die Dockstütze wurde anschließend mit 2-K-Kleber in den Rumpf eingeklebt.

Die Finne besteht aus 0,4-mm-Messingblech. Im Inneren befinden sich drei Messingspanten, um die gebogene Form zu erhalten. Auch dieses Teil wurde mit Lötkolben und Weichlot zusammengelötet. Wie oben beschrieben ist die Finne so lang, dass ich sie mit dem Spantgerippe unter dem Deck verschrauben konnte. Dadurch werden

Ankertaschen am Modell

jetzt die Scherkräfte während des Schleppens sehr gut abgefangen. Nach dem Einbau in den Rumpf habe ich die Seiten der Finne noch mit 1,0-mm-PS verkleidet. Das ersparte mir das Spachteln und Schleifen der Messingoberfläche.

3.1.4 Oberdeck

Als Abstützung für das Deck klebte ich das oben schon erwähnte Spantgerippe aus Holzleisten ein. Die Decksunterzüge habe ich mit dem entsprechenden Deckssprung versehen. Dazu befestigte ich eine Leiste als Basis mit Schraubzwingen auf dem Arbeitstisch. Mittig wurde nun ein kurzes Stück Leiste aufklebt, das die gleiche Höhe wie der Decksprung hat. Anschließend wurde eine weitere Leiste auf diese Konstruktion gelegt und an den Enden mit Schraubzwingen auf die Basisleiste gedrückt. Nach dem Verkleben hatte ich den gewünschten Deckssprung. Natürlich muss so eine Holzkonstruktion sehr gut gegen Wasser geschützt werden. Man kann das mit Porenfüller erreichen.

Ich nutze eine andere Methode. Im Baumarkt gibt eine Paste, die an der Luft gummiartig aushärtet. Diese Paste wird für die Versiegelung von Rigipsplatten in Feuchträumen (z.B. Fermacell Flüssigfolie) verwendet. Diese Beschichtung lässt sich nur noch mit Gewalt entfernen. Eine bessere Abschirmung habe ich bisher nicht finden können. Außerdem lässt sich mit dem Material sehr gut eine flexible Verklebung herstellen.

Das Deck an sich besteht aus 1,5-mm-Platinenmaterial, in das die Öffnungen für den Süllrand, die Revisionsluken der Antriebe und die Öffnung für die Decksluke auf dem Backdeck eingebracht wurden. Die Schnitte für die Luken wurden mit Hilfe einer kleinen Trennscheibe von Proxxon durchgeführt. Der Süllrand für den Aufbau wurde schon im Voraus passend zusammengelötet. Als Maß

Dockstütze im Rohbau aus diversen Messingprofilen

Befestigung der Finne im Rumpf

diente der Aufbau selbst. Die Revisionsluken liegen direkt über den Antrieben. Da die Antriebe nach dem Verschrauben des Decks nicht mehr von oben zugänglich sind, sind diese Luken im Notfall sehr nützlich. Unge-

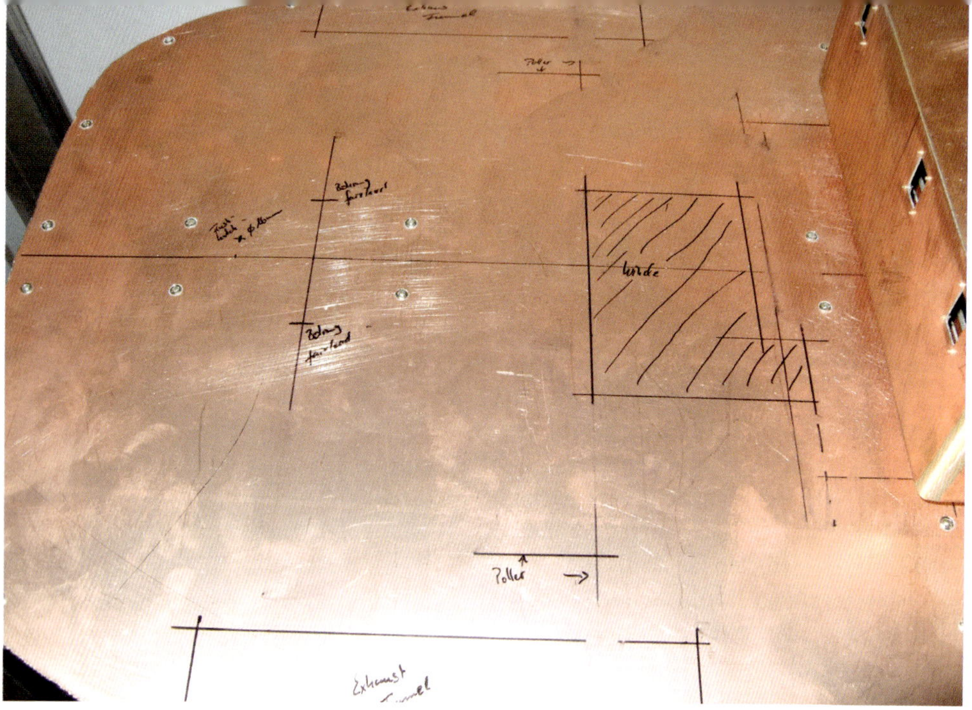

Deck im Rohbau mit Anzeichnungen der Ein/Anbauten. Gut zu sehen hier die Schrauben mit denen das Deck auf den hölzernen Unterzügen verschraubt ist

fähr auf Höhe der vorderen Deckshauskante musste ich einen Schnitt im Deck machen. Da das Deck doppelt gebogen ist (Decksprung und hochgezogenes Backdeck), ließ sich das nicht mit einer Platte herstellen. Die Schnitte sind mit Zwei-Komponenten-Spachtel verspachtelt und verschliffen.

Das Deck ist mit 2×20-mm-Spax-Schrauben auf den Decksunterzügen festgeschraubt und die Schraubenköpfe wurden verspachtelt und glatt geschliffen. Die Kombination aus Gerippe und Platinenmaterial ist so stabil, dass das komplette Schiff daran aus dem Wasser gehoben werden kann.

3.1.5 Schanzkleid

Das Schanzkleid der FRANCIA ist ein wenig aufwendiger, als bei vielen anderen Schleppern. Meist ist es – wie oben beschrieben – einfach nach innen geneigt. Bei der FRANCIA ist aber die untere Hälfte senkrecht auf die Rumpfkante aufgesetzt und nur der obere Teil nach innen geneigt. Zuerst habe ich mit dem hinteren unteren Teil des Schanzkleides begonnen. Dafür stellte ich eine Abwicklung her, indem ich einen langen Streifen dickes Papier senkrecht an der oberen Kante des Decks befestigte. Nun konnte von innen der Verlauf des Decks nachgezeichnet werden. Diese Form wurde nun ausgeschnitten und auf 0,3 mm starkes Messingblech übertragen. Diesen Streifen Messingblech lötete ich bündig auf die Deckskante auf. Anschließend wurde die entsprechende Höhe angezeichnet und der Blechstreifen mit einer Minitrennscheibe beschnitten. Für die Form der Schanzkleidstützen gab auf den Plänen entsprechende bemaßte Zeichnungen. Diese Zeichnungen wurden auch auf 0,3-mm-Messingblech übertragen. Anschließend wurden die Stützen von innen gegen den Streifen gelötet. Auf die obere Spitze der Stützen wurde nun der Handlauf aus 3-mm-Messingrohr ge-

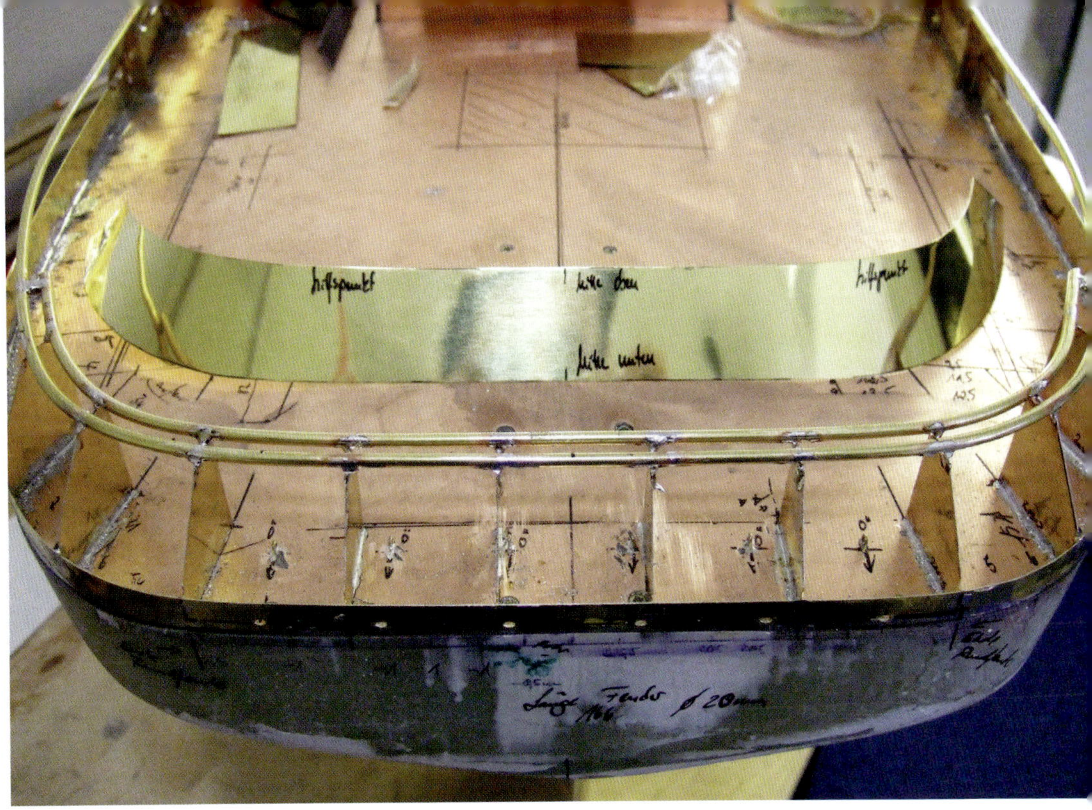

Schanzkleid achtern im Bau

lötet. Über den Zwischenraum vom unterem Streifen und dem Handlauf wurde wieder ein Papier gelegt und nachgezeichnet. Anhand dieser Abwicklung war die Herstellung eines Blechstreifens ein Kinderspiel.

Beim Verlöten der Messingstreifen auf dem Deck und zwischen unterem Streifen und Handlauf ist darauf zu achten, dass erst einige Heftpunkte gesetzt werden. Die Messingstreifen haben die Eigenschaft sich zu verziehen, wenn sie einseitig erhitzt werden. Das führt dazu, dass die mühsam erstellte Abwicklung dann nicht mehr passt.

Die Streifen habe ich zusätzlich noch vor dem Verlöten an einigen Stellen mit Tesafilm aneinander befestigt. Durch die Hitze beim Löten lösen sich die Tesastreifen anschließend von allein, aber man braucht so nicht sieben Hände, um die Abwicklung in Position zu halten.

Eine weitere Schwierigkeit war die obere Kante des Schanzkleides am Heck. Hier laufen zwei Handläufe parallel zueinander auf die oben noch eine Abdeckplatte aufgeschweißt wurde. Der innere Handlauf wurde auf die Schanzkleidstützen aufgelötet. Ein zweiter, identisch gebogener, Handlauf musste nun in einem exakten Abstand dazu ebenfalls auf die Stützen aufgelötet werden. Als Hilfsmittel nahm ich ein Messingrechteckprofil und klemmte dieses mit einer Zwinge zwischen die Handläufe. Erst danach konnte auch hier eine Abwicklung für den oberen Blechstreifen hergestellt werden.

Nachdem nun das Schanzkleid bis zur Vorderkante des Aufbaus auf beiden Seiten geschlossen war, konnte ich die Abgaskästen in Angriff nehmen. Im Gegensatz zu vielen anderen Schleppern hat die FRANCIA die Abgasrohre nicht senkrecht am Aufbau. Die „Auspuffrohre“ befinden sich vielmehr kurz über

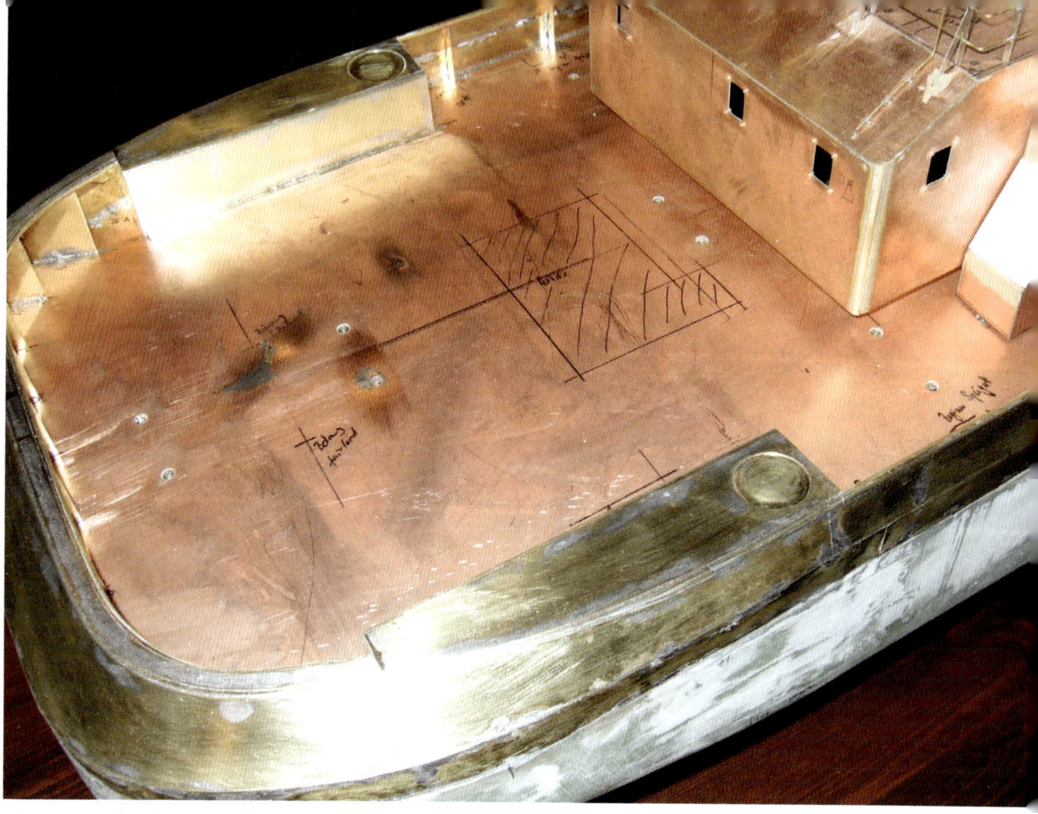

Die Kästen für die Schalldämpfer sind fertig

der Wasserlinie am Heck. Die Schalldämpfer befinden sich aber zum Teil im Maschinenraum und zu einem Teil in großen „Kisten“, die achtern an Backbord und Steuerbord von innen an das Schanzkleid angeschweißt sind. In beiden Kisten befinden sich je eine runde Revisionsöffnung oben in der Deckplatte und eine eckige Öffnung in der Frontwand Richtung Bug. Vor dem Verlöten der Kistenwände wurden erst die Öffnungen angezeichnet und mit der Handfräse herausgefräst. Anschließend habe ich ein Stück Blech von innen angelötet. Vor dem Schleifen und lackieren wird dann nur noch ein Stück PS-Platte eingefügt, um die Öffnung zu simulieren.

Um die runde Kante an der Innenseite der Kisten zu erreichen, wurde zunächst ein Rundprofil eingelötet und die auf Stoß angelöteten Bleche anschließend bis auf dieses Profil heruntergefeilt. Auch die Abdeckung für die beiden Handläufe am Heck wurden mit Hilfe einer Schablone ausgeschnitten und aufgelötet.

Der vordere Teil des Schanzkleides entstand auf die gleiche Weise wie achtern. Allerdings sind auf Höhe der Vorderkante des Deckshauses Knicke im Handlauf. Bei der Herstellung der Abwicklung für das Schanzkleid sind diese zu berücksichtigen.

Die Poller am Bug und an den Seiten sind 8-mm-Messingrohre. Durch eine Bohrung am oberen Ende wurde ein 1,5-mm-Messingdraht gesteckt und festgelötet. Die Poller sind jeweils in einer Bohrung im Deck festgelötet, um die nötige Festigkeit zu erreichen.

3.1.6 Fendersystem

Nach meinen Besuchen 2005 und 2009 in Genua wurden die Fender am Heck der

FRANCIA geändert. Die Fenderplatten am Heck wurden fast komplett entfernt und durch einen Rundfender, der das gesamte Heck umspannt ersetzt. Leider war diese Änderung auf den Zeichnungen nicht vermerkt. Da half nur mein Besuch 2010 in Italien. Der Rundfender wird oben und unten von einem Stahlrohr fixiert und durch Gurtbänder gehalten.

Der Rundfender besteht aus einem dickwandigen Gummischlauch mit 22 mm Durchmesser. Die Enden und die Vertiefungen für die Bänder wurden mit einer Handfräse und feinem Fräser eingefräst. Die Stellen für die Gurtbänder wurden mit wasserfestem Stift markiert. Damit sich das weiche Material besser bearbeiten lässt wurde es vorher für einige Stunden in die Tiefkühltruhe gelegt. Die Arbeit musste entsprechend schnell gehen.

Als kleiner Hinweis: Der Fender wurde schon wieder geändert, da man im neuen Arbeitshafen festgestellt hat, das der Rundfender zu tief sitzt. Jetzt sitzt der Rundfender auf dem nach innen geneigten Teil des achteren Schanzkleides.

Für die Halter der Gurtbänder auf Deck habe ich einige Ösen aus Messingdraht gebogen und auf dem Deck festgelötet. Die Ösen unterhalb des Wurstfenders sind durch die Bordwand gesteckt und von innen verklebt. Die Gurtbänder bestehen aus 3 mm breitem Taftband aus dem Nähbedarf.

Die Fenderplatten an Bug und Heck bestehen aus Schuhsohlen von billigen Flip-Flops. Ich habe gleich eine ganze Tüte von diesen Sommerschlappen erworben und die Sohlen dann auf der Minitischkreissäge in passende Stücke geschnitten. Durch das Sohlenprofil sieht das täuschend echt aus. Die Umrandung

Wurstfender am Heck

Die Fender am Bug zum ersten Mal provisorisch befestigt

der Fenderplatten und die Unterlage auf dem Rumpf bestehen aus 1,0 mm starkem PS. Um die Haltebolzen zu imitieren habe ich an der Ober- und Unterseite in regelmäßigen Abständen kleine Löcher in die Umrandung gebohrt. In diese Löcher habe ich kurze Stücke sehr dünnes PS-Rund-Profil eingeklebt.

3.1.7 Deckdetails

3.1.7.a Lüfter und Anschlüsse

Auf dem Oberdeck befindet sich eine ganze Reihe von Details. Dazu gehören diverse Lüfter, Feuerlöschanschlüsse, Übergabestationen für Wasser und Kraftstoff sowie Anschlüsse für das Ölauffanggerät.

Die Lage der verschiedenen Lüfter kann hier aus den Plänen entnommen werden. Viele Detailfotos geben zusätzlich Auskunft über den exakten Standort, da die Lage häufig noch nach Erstellung des Planes geändert wird. Ich habe mir angewöhnt immer mit einem Zollstock (Gliedermaßstab), einem Notizheft und einer selbstgefertigten Messlatte zu den Fotosessions zu gehen. Die Messlatte hat eine Länge von 1,4 m und hat abwechselnd 10 cm breite schwarze bzw. gelbe Streifen. Diesen Stab stelle ich beim Fotografieren neben das Objekt und kann dann später im Bild abschätzen wie groß das fotografierte Teil ist. Alternativ halte ich den Zollstock an das Objekt oder notiere genommene Maße in das Notizbuch. In dem Notizbuch der FRANCIA befinden sich auch Flecken mit den Schiffsfarben als Muster für die spätere Lackierung.

Bei den Anschlüssen möchte ich besonders auf die Löschwasserübergabestationen backbord und steuerbord eingehen. Das Grundrohr führt in einem Bogen ans Deck parallel zum Oberdeck. Da das Rohr zu dick für mein Rohrbiegewerkzeug ist und ich nicht mit Vogelsand arbeiten wollte, habe ich mit dem Kappgerät fünf Einschnitte in das Rohr gesetzt. Dann konnte es gebogen und verlötet werden. Nach der Versäuberung der Lötstellen fällt das nicht mehr auf und man hat eine schöne Biegung im Rohr.

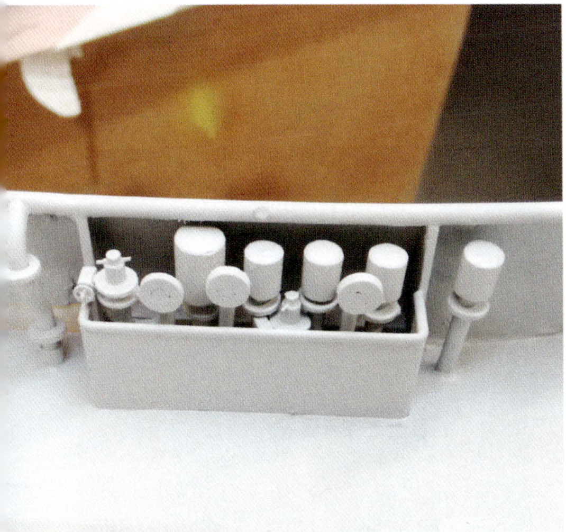

Übergabestation an Backbord-Seite

Die Tanklüfter bestehen je aus einer Reihe von Messingrohrstücken. Nicht jeder hat eine Drehmaschine, um die Lüfterköpfe herzustellen. Ich nehme dazu kurze Stücke Messingrohr und löte diese ineinander. Je nach Durchmesser des Kopfes werden mehr oder weniger Messingrohrabschnitte verwendet. Inzwischen gibt es aber diverse Anbieter mit 3D-Druckteilen im Angebot.

3.1.7.b Ankerwinde

Die Ankerwinde entstand nach Plänen vom Hersteller aus einer Materialmischung von Messing, Platinenmaterial und Polystyrol (PS). Da die Winde wie oben beschrieben nicht funktionsfähig sein soll, konnte ich eine feinere Detaillierung realisieren. Die Kettennüsse mit den Bandbremsen bestehen hier aus einem Kunststoffdrehteil. Auch hier gilt: Wer keine Drehmaschine zur Hand hat sollte sich auf dem Zubehörmarkt umsehen. Eventuell gibt es dort eine Winde mit passenden Kettennüssen oder der Modellbaukollege hat eine Drehmaschine. Gleiches gilt für die Spillköpfe an den Enden der Winde. Der Elektromotor ist ein Zukaufteil von einem Modellbaukollegen, der solche Teile im Gussverfahren herstellt. Das Wichtigste an der Winde ist das sorgfältige Herstellen des Windenfundamentes. Durch den Decksprung und das Ansteigen des Decks zum

Die Ankerwinde auf dem Backdeck im Rohbau

Bug hin muss hier genau gearbeitet werden. Durch den Anstieg muss das Fundament hinten höher als vorn gearbeitet werden. Um die Maße zu erhalten habe ich die vordere und hintere Fundamentkante auf dem Deck angezeichnet. Anschließend habe ich den Rumpf auf dem Tisch in Längsrichtung exakt in die Waage gebracht. Nun habe ich mittschiffs in der Längsrichtung ein Stahllineal auch waagerecht ausgerichtet. Man kann nun lotrecht auf den Markierungen der Fundamentkanten die Höhen abnehmen. Es fehlt nur noch das Einfeilen des Decksprunges in die Fundamentkanten. Allein von der Winde habe ich über 50 Fotos gemacht (fast alle mit Messstab). Diese Fotos haben die Arbeit an diesem doch eher kleinen Detail erheblich erleichtert.

3.1.7.c Kran

Der Kran ist ein Knickarmkran aus dem Hause EFFER. Es hat mich einige Anrufe dort in der Zentrale gekostet, bis ich einen bemaßten Plan in der Größe eines DIN A4 Bogens per Email bekam. Ich kann allerdings nicht sagen, ob die gern einen Modellbauer unterstützen wollten oder ob sie einfach von meinen Anrufen genervt waren. Jedenfalls hatte ich später auf einer Schiffbaumesse noch die Chance mich bei dem Verkaufsleiter für die Unterstützung zu bedanken.

Ich hatte erst den Kran der TITO NERI aus dem Zubehörprogramm gekauft und wollte diesen umbauen. Als ich das Teil auf dem Tisch hatte habe ich festgestellt, dass ein Eigenbau auch nicht mehr Arbeit machen

Die Ankerwinde fertig

Der Kran im Rohbau entsteht aus Polystyrol und Messingprofilen

3.2. Antriebskonzepte

3.2.1 Azimuthantriebe der FRANCIA NO.99

Schon mit Beginn der Arbeiten am Rumpf der FRANCIA habe ich die Schottelantriebe bestellt. Sicherlich wäre es auch möglich mit einer kleinen Drehmaschine die Teile selbst herzustellen. Die Antriebe – komplett aus Metall gefertigt – sind stabil und kosten nur geringfügig mehr, als die Kunststoffteile eines großen Modellbauherstellers. Dafür ist die Qualität aber etwas besser. Ergänzend muss man aber auch sagen, dass die komplette Anlenkung selbst erstellt werden muss, was aber die Möglichkeit bietet die vorhandenen Räumlichkeiten im Schiff optimal zu nutzen. Ferner kommt der „Nietenzähler“ nicht darum herum die „Gondeln“ noch zu verkleiden. Konstruktionsbedingt ist

würde. Bisher habe ich alle Kräne auf meinen Modellen komplett aus Messing gebaut. Die waren dann alle mehr oder minder beweglich. Der Kran auf der FRANCIA wird aber im Maßstab 1:32 so klein, dass es sich nicht lohnt diesen beweglich zu machen. Der Krankörper besteht somit aus PS. Die Einzelteile wurde gemäß des Planes ausgeschnitten und dann mit Sekundenkleber zusammengeklebt. Die Achsen sind kurze Messingdrahtstücke und die Druckleitungen sind aus der Isolierung eines dünnen Stromkabels. Das Fundament ist auf ähnliche Weise wie bei der Ankerwinde entstanden.

Die Beschriftung hatte ich bei einem meiner Besuche an Bord abfotografiert und ausgedruckt und aufgeklebt. Damit die Farbe nicht ausgewaschen wird, ist der Aufkleber mit Klarlack versiegelt.

Blick auf die Azimuthgondeln. Hier schon fertig lackiert und gealtert

die Gondel ein zylindrisches Teil, im Gegensatz zu den echten Antrieben mit einer tropfenförmigen Gondel.

Die Antriebe im Original werden in eine Art Brunnen im Schiff eingeschweißt. D.h., dass zwischen der Bodenplatte des Schottels und dem Schiffsboden immer ein kleiner Absatz ist. Um diesen Absatz darzustellen musste ich feststellen, wie groß der Durchmesser des Brunnens ist. Mit einer Lochsäge für die Bohrmaschine wurde dann ein passendes Loch in den Rumpf gesägt. Anschließend wurden die Bohrlöcher von innen mit einer passenden Platte zugeklebt. In diese Platte wurde nun mittig eine 22-mm-Bohrung eingebracht. Das entspricht dem Außenmaß des Schottelschaftes. Jetzt brauchten die Schottelantriebe nur durch die Bohrung geschoben werden.

Um eine exakte senkrechte Ausrichtung der beiden Antriebe zueinander zu erreichen und den kompletten Antriebsstrang gut einkleben zu können fertigte ich zuerst ein Verbundmaterial aus zwei 1,5-mm-Platinenmaterialplatten. Dabei wurde von jeder Platte auf einer Seite die Kupferkaschierung entfernt. Mit diesen Seiten wurden die Platten aufeinander geklebt. Damit sich die Platten beim Verkleben nicht verziehen (das geht nicht wieder zurück durch den Verbund) habe ich die Verbundstücke zum Aushärten zwischen einige Spanplatten auf eine gerade Tischplatte gelegt. Aus dieser Verbundplatte sägte ich nun die zwei identischen Platten. In diese Platten schnitt ich die Öffnungen für die Servos, die Potis und die Schottel. Da der Schottelschaft aus Messing ist, konnte ich alle Teile miteinander verlöten und hatte dadurch eine kompakte Einheit aus zwei Mal Schottelschaft und zwei Platten im Abstand von ca. 24 mm. An dieser Einheit konnte der Antriebsstrang befestigt werden.

Das Schwierigste war die exakte Höhenausrichtung beider Antriebe im Schiff. Dazu legte ich die Konstruktion für den Antriebsstrang in das Schiff und steckte von unten durch die Bohrungen im Schiffsboden die Schottel in ihren Schaft. Nun legte ich unter die untere Kante der Kortdüsen je ein 5 mm starkes Brett. Die Unterseite der Konstruktion strich ich dick mit 2-Komponenten-Spachtel ein. Nun ließ ich alles in diese Spachtelmasse einsinken (ein zu tiefes oder schräges Einsinken verhinderten die Brettchen unter den Kortdüsen vorausgesetzt der Rumpf steht exakt gerade). Ein Teil der Masse drückte unter der unteren Platte der Haltekonstruktion wieder heraus und wurde entsprechend verstrichen. Mit diesem Trick haben nun beide Antriebe den gleichen Abstand zum Boden und der Antriebsstrang sitzt bombenfest im Rumpf. Anschließend befestigte ich die Servos in den Halterungen und montierte die Potis. Die Antriebs-

Der Maschinenraum im Modell noch im Rohbau

motoren sitzen auf Halterungen, die sich in Langlöchern verschieben lassen, um den Treibriemen spannen zu können. Die Potis für die Servos wurden ausgelagert und werden durch preiswerte Kunststoffzahnräder bewegt. Nachdem alles ausgehärtet und die Technik eingesetzt war wurde der erste (erfolgreiche) Test durchgeführt.

Um die Gondel originalgetreu umbauen zu können musste eine Verkleidung her.

Damit habe ich mir wahrscheinlich mehr Mühe als notwendig gemacht. Inzwischen könnte so etwas leicht per 3D-Druck angefertigt werden. Über die zylindrische Form der Gondel habe ich ein paar Spanten geklebt und diese dann mit dünner PS-Platte verkleidet. Die runde Kuppel am Ende entstand im Gussverfahren und ist mit flexiblem und überlackierbarem Kleber angeklebt. Das ist notwendig, damit ich noch die Chance habe die Gondel ohne große Schäden zu öffnen.

Zum Schluss blieb nur noch die Abstützungen vom Kortdüsenrand zur Gondel einzukleben. Die Opferanoden wurden erst nach der Lackierung an den Schottelantrieben angebracht. Die 4-Blatt-Propeller habe ich ein wenig größer als benötigt bestellt. Anschließend wurden die Blätter mit Hilfe einer Feile soweit gekürzt, bis die Propeller „saugend“ in die Kortdüsen passten.

3.3. Schleppeinrichtungen

3.3.1 Schleppwinde

Schon bei der Montage des Oberdecks habe ich mir Gedanken über die Befestigung der Schleppwinde machen müssen.

Die Winde sollte auf jeden Fall funktionsfähig und bei einem Defekt leicht zu demontieren sein. Das Problem mit der Demontage ließ sich leicht lösen, indem ich einen Rahmen aus 1,5-mm-Platinenmaterial auf das Deck lötete. Der Rahmen ist genau so groß, dass der Sockel der Winde über diesen Rahmen passt. Die Winde wird nun beidseitig mit je zwei M3-Schrauben festgeschraubt. Um aber eine erhöhte Festigkeit dieser Schraubverbindung zu erreichen, wurden auf der Innenseite der Schraublöcher im Rahmen noch passende M3-Muttern angelötet. Diese Verbindung ist nun nur noch per Schraubendreher oder mit viel Gewalt lösbar. Für die Belastungen eines Schleppmanövers ist diese Verbindung sicher mehr als ausreichend.

In den Sockel der Winde ist auch der Antriebsmotor eingebaut. Der Motor – ein umgebautes Servo – wird über einen Schaltbaustein der Fernsteuerung geschaltet und ist in der Umdrehung stark reduziert. Die Übertragung vom Motor zur Achse der Windentrommel funktioniert über zwei Polyamid-Zahnräder. Das komplette Windengehäuse ist aus 0,5-mm-Platinenmaterial hergestellt. Die Bremsbänder der Trommel, die Bremshebel, die Hydraulikleitungen, die Aufspulmechanik und die Druckleitungen sind aus diversen Messingprofilen und Messingblechstücken erstellt. Die schmalen Messingstreifen für die Bremsbände habe ich mit der Goldschmiedeblechschere zugeschnitten und auf einem kleinen Amboss gerichtet. Messingblech hat die Eigenschaft, dass es sich verzieht, wenn man dünne Streifen davon schneidet. Es gibt allerdings auch einige Materialanbieter, die dem Modellbauer passende Streifen (ohne Verzug) auf Bestellung zuschneiden. Die Bremsbänder haben – wie im Original – Schrauben zum Verändern der Bandspannung. Diese Schrauben sind bei mir in der Große M1 und stammen aus dem Optikerbedarf. Dort gibt es Großpackungen in verschiedenen Gewindestärken weit unter dem Preis des Modellbaufachhandels.

Der Spillkopf ist ein Drehteil und der Öldruckmotor besteht aus einer Anzahl an PS-Kleinteilen. Meist verwende ich für solche Details immer PMMA (Polymethylmetacrylat). Ich benutze dieses Material immer, wenn ich eine größere Anzahl von identischen Bauteilen benötige. Der Nachteil dieses Materials liegt in der Aushärtung. PMMA härtet unter normalen Druck nicht glasklar und blasenfrei aus. Um die exotherme Reaktion (das Zeug gibt beim Aushärten viel Hitze ab) des Materials während des Aushärtens einigermaßen unter Kontrolle zu bekommen benötigt man einen Drucktopf. So einen Drucktopf kann man für viel Geld kaufen oder mit etwas Geschick selbst bauen.

Dazu benötigt man ein größeres Gurkenglas (natürlich leer und gesäubert), einen kleines Stück dickere Teichfolie in der Größe des Deckels und einen Fahrradschlauch. Aus dem Fahrradschlauch entfernt man den Bereich mit dem Ventil und klebt dieses Stück in eine Bohrung im Deckel des Glases ein. Außerdem schneidet man aus der Teichfolie eine Dichtung für den Deckel zu. Entsprechend zusammengebaut kann man den Inhalt dieses Gurkenglases mit Hilfe eine Luftpumpe unter Druck setzen. Das PMMA härtet dann glasklar und blasenfrei aus. Natürlich kann auch normales Resinharz aus dem Bastelbedarf verwendet werden oder die Teile nach Zeichnung im 3D-Druck herstellen lassen.

Formen und fertiges Gussteil

Die Windentrommel besteht aus einen Stück Vollaluminium. Bei der nächsten Winde werde ich aber auf Acrylglas umsteigen. Das lässt sich erheblich leichter bearbeiten und ist stabil genug für die auftretenden Kräfte. Außerdem erspare ich mir dann die Arbeit an der Drehmaschine, indem ich zwei Seitenteile auf die Trommelachse klebe.

Weiterhin habe ich alle Hydraulikleitungen aus dünnem Messingdraht nachgebildet. Die Druckschläuche bestehen aus der Isolierung von dünnen Kabeln. Ich habe die Kupferadern herausgezogen, die Enden ein wenig geweitet und dann über die Enden der Messingdrähte geschoben.

Zum Schluss bekam die Trommel ein Schleppseil. Das Schleppseil ist eine geflochtene Wäscheleine aus dem Baumarkt und nachdem es farblich entsprechend gealtert wurde kommt es dem Original in Aussehen und Stärke sehr nahe. Außerdem habe ich noch einen Recker „gestrickt“ und an das Ende der Schleppleine mit Schäkel aus dem Fachhandel angeschäkelt.

Die Schleppwinde auf dem Achterdeck des Modells im Rohbau

Die Schleppwinde fertig und gealtert

3.3.2 Schlepphaken

Der Schlepphaken besteht hauptsächlich aus PS und Messingprofilen. Für die Seitenteile habe ich zwei passende Stücke PS-Platte mit doppelseitigem Klebeband zusammengeklebt und auf eine Seite eine maßstäbliche Kopie der Seitenteile mit Papierkleber aufgeklebt. Nun konnten die Teile im Schraubstock eingespannt und zurechtgefeilt werden. Der Haken ist eine rotierende Scheibe, die zur Außenkante hin schmaler wird. Hier habe ich wieder ohne Drehmaschine gearbeitet. Aus 1,5-mm-PS-Platte habe ich zwei annähernd gleiche Kreise ausgeschnitten und zusammengeklebt. Anschließend bohrte ich mittig ein Loch und habe dort eine M3×40-Schraube eingedreht. Auf der anderen Seite habe ich die Schraube mit einer Mutter gesichert, damit sich die Scheiben nicht auf der Schraube drehen. Nun die Konstruktion in das Bohrfutter eines Akkuschraubers eingespannt und los geht die Arbeit mit der Feile bis die Scheibe die gewünschte Form hat. Nach Einbau der Scheibe noch einige Details und zum Schluss die schwarze Lackierung mit entsprechender Alterung.

Der Schlepphaken kruz vor dem Einbau. Nagelneu und trotzdem schon völlig verrostet

3.3.3 Schleppbock

Der Schleppbock besteht aus einem dickeren Messingrohr. Dieses Rohr ist aber nicht gebogen, sondern es wurden mehrere Segmente zusammengesetzt. Wenn so ein Rohr gebogen werden soll, sollte man den Sanitärfachmann seines Vertrauens ansprechen. Die haben Möglichkeiten diese Rohre knickfrei zu biegen. Ich habe aber „tief" in die Modellbaukasse gegriffen (und Geburtstagsgeld zugeschossen) und das große Kappgerät von Proxxon gekauft. Auf dem Plan des Schleppbocks habe ich die entsprechenden Winkel der Segmente zueinander eingezeichnet. Mit dem Winkelschnitt auf dem Kappgerät war dann das Ablängen der Segmente ein Kinderspiel. Auch die Segmente wurden miteinander verlötet. Für die Querstrebe wurde beidseitig eine Bohrung gesetzt und der Riegel dort eingeschoben und festgelötet. Der Schleppbock wurde anschließend durch zwei Bohrungen durch das Deck gesteckt, am Deck festgelötet und am Rumpfboden festgeklebt. Für den ruppigen Schlepperalltag ist das mehr als ausreichend.

3.4. Aufbauten

3.4.1 Deckhaus

Der untere Teil des Aufbaus, indem sich beim Original die Unterkünfte und Wohnräume befinden besteht aus 0,5 mm starkem Platinenmaterial. Hier musste ich mir schon einige Gedanken machen. Der Aufbau im Original steht auf sechs „Füßen" und ist akustisch vom Rumpf abgekoppelt. Das bedeutet, dass man beim exakten Nachbau keine Decksöffnung mit Süllrand realisieren kann. Eine decksebene Luke kam für mich aber nicht in Frage, da die Dichtigkeit beim häufigen Öffnen und Schließen nicht gewährleistet ist. Ich bediente mich daher einer Alterna-

Der Schleppbock aus Messingrohr mit den gut sichtbaren Segmenten

Das Deckshaus mit dem „Rand“

tive. Der Süllrand befindet sich gegenüber der Deckshauswand um 1,5 cm nach innen versetzt. Ferner habe ich an das Deckshaus noch einen Rand in Höhe der „Füße“ angelötet. Das Deckshaus wirkt nun auf den ersten Blick entkoppelt, aber ich habe trotzdem eine große Decksöffnung. Die „Füße“ sind somit nur Attrappen ohne Stützfunktion.

Das Deckshaus begann ich mit den Außenwänden, in die vorher die Fenster eingefräst wurden. An jeder Ecke der Fenster lötete ich ein kleines Messingrohr ein. Diese Rohre imitieren die Schraubenlöcher für die Panzerplatten. Bei starkem Seegang können die Fenster mit Stahlplatten gegen Seeschlag geschützt werden.

In jede Ecke des Aufbaus wurde ein 5-mm-Rundmessingrohr eingelötet, da die Ecken im Original abgerundet sind. Nach dem Verlöten feilte ich die Ecken bis auf das Rohr herunter. Um die Dachschrägen zu erhalten habe ich einige Spanten mit Sekundenkleber in den Aufbau geklebt. Nach dem Anlöten der Dachschrägen konnten die Spanten ohne Schwierigkeiten entfernt werden, da Sekundenkleber auf der Kupferbeschichtung des Platinenmaterials ohne Vorbehandlung nicht sehr gut hält. Grundsätzlich löte ich – wo immer möglich – die Teile auf der Innenseite zusammen. Das spart mir das lästige Verputzen der Lötnähte.

Nur der innere Teil des Deckhauses lässt sich im Original mit Hilfe eines Krans vom Rumpf abnehmen. Die äußeren Teile, aus denen die Rohre für die Löschmonitore kommen und in denen sich die Decksstores befinden, sind fest mit dem Deck verschweißt. Zwischen diesen „Kästen“ und dem Deckshaus gibt es einen kleinen Spalt. Bei meinem Modell kann man diese Kästen zusammen mit dem Deckshaus abnehmen. Um aber trotzdem den Spalt zu erhalten wurden die Kästen einzeln angefertigt und anschließend mit Schrauben an das Deckshaus geschraubt. Der Abstand entsteht durch eine dicke Unterlegscheibe pro Schraube.

Nur auf der Feuerlöschplattform und auf dem Deckshausdach (Bootsdeck) gibt es eine Reling. Es gibt drei verschiedene Stützentypen. Von diesen Stützen fertigte ich je eine Skizze an und ein Bekannter ätzte mit mir die Teile aus Neusilber. Passende Stützen gibt es inzwischen aber auch schon über den Internetfachhandel zu beziehen. Die zwei Durchzüge haben je einen Durchmesser von 0,8 mm. Der Handlauf besteht aus 1,5-mm-Messingrohr. Ich bevorzuge Messingrohr aus einem besonderen Grund. Niemand ist in der Lage einen Handlauf exakt in bis zu acht verschiedene Richtungen zu biegen und dann auch die richtige Länge einzuhalten, besonders wenn man zwei Züge in spiegelbildlicher Herstellung braucht. Mit Messingrohr kann man die Reling in Segmenten herstellen und die Verbindung geschieht über Messingdrahtstücke, die in das Rohr eingeschoben und verlötet werden. Bei starken Biegungen muss in das Rohr für den Handlauf ein Draht eingeschoben werden, denn sonst knickt das Rohr beim Biegen ab. Zuerst wurden nur die Relingstützen für den achteren Bereich auf die Durchzüge aufgefädelt und dann in die Bohrungen auf dem Deck gesteckt. Nachdem alles mit etwas Kreppband fixiert wurde, konnte ich die Reling verlöten. Ich verwendete auch hier Elektroniklot. Das kostet etwas mehr, spart aber den Umgang mit Flussmittel. Die Reinigung der Lötstellen geschieht, indem man sie erneut erhitzt und das überflüssige Lot mit der Entlötpumpe entfernt. Als Abschluss lötete ich den Handlauf auf die Stützen. Alle Stützen sind von innen mit dem Deckshaus verlötet.

Die FRANCIA hat zwei riesige Lüfter an der Vorderseite des Deckshauses. Die Lüfter sind im Original, wie die oben erwähnten „Kästen", vom Aufbau getrennt. Ich nutzte hier das gleiche Prinzip mit Schrauben und Unterlegscheiben. Der untere Teil besteht wieder aus Platinenmaterial. Allerdings

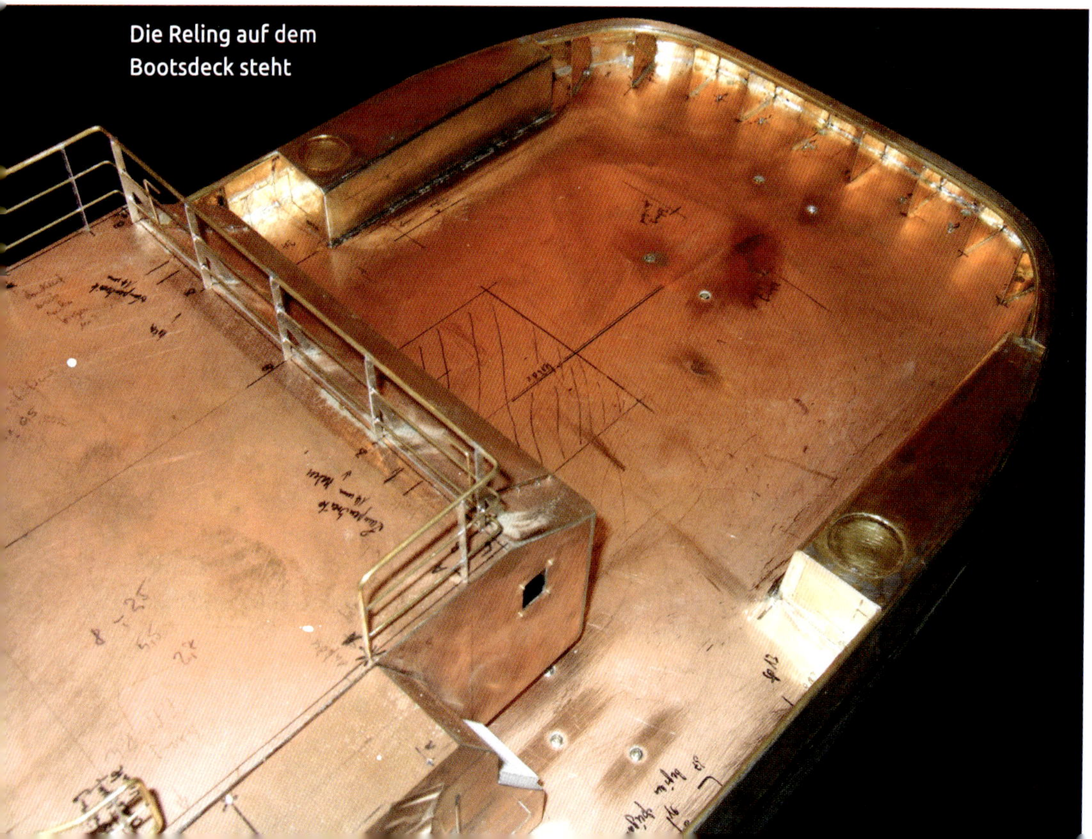

Die Reling auf dem Bootsdeck steht

Die großen Buglüfter in Arbeit

wählte ich hier die Stärke 1,5 mm. Die Lüftertürme verjüngen sich im oberen Drittel. Indem ich das Material von innen mit einer Trennscheibe einschnitt, konnte ich die Teile entsprechend biegen und verlöten. Das ersparte mir einen Zusammenbau aus vielen Einzelteilen. Die auf den Lüftertürmen sitzenden Hutzen erstellte ich aus PS. Da die vier Seitenteile identisch sein sollten, klebte ich sie vor dem Zuschnitt mit doppelseitigem Klebeband aufeinander. Den Knick in der Hutze erreichte ich wieder durch das Einritzen auf der Innenseite und das Biegen in den richtigen Winkel. Vor den Luftaustrittsöffnungen befinden sich Lüftergitter, die ich selbst herstellte. Dazu nahm ich Treppenplatten im Maßstab 1:200 und beklebt jede Stufe mit einem 2 mm breiten und 0,3 mm starkem PS-Streifen. Nach der Montage sehen diese Lüftergitter täuschend echt aus.

Die Klappen für die Lüfter sind ebenfalls aus PS. Die Vorreiber sind Ätzteile aus dem Handel.

Etwas Mühe hatte ich mit den Solarzellen auf den Lüftern. Eine echte Solarzelle war hier nicht nötig, aber dieses Schillern sollte schon sein. Die Idee kam mir als ich meinen Sohn beim Basteln beobachtete. Er macht viel mit Papier, Pappe, Klebeband

Die Verkabelung der „Photovoltaikanlage“

und Klebefolie. Die Klebefolie stach mir sofort ins Auge. Es ist eine leicht schillernde dunkle Klebefolie. Die ist perfekt für die Solarzellen geeignet. Jetzt nur noch die Folie auf zwei kleine PS-Plättchen aufgeklebt, einen silbernen Rand aus Aluklebeband drum und auf das Gestell auf den Lüftern aufgeklebt. Komplettiert wird das alles noch mit sehr dünnem schwarzen Draht, der die Anschlusskabel darstellen soll.

Auf dem Bootsdeck vor der Brücke ist auf dem Original ein MOB-Boot festgezurrt. Als Auflager dienen zwei U-Schienen in die eine Art Holzbootsständer einsteckt werden. Die U-Schienen sind aus Messingprofil. Der Ständer ist aus Holzleisten. Das MOB-Boot entstand aus einen Kunststoffrohr, das auf dem Kappgerät in entsprechende Stücke gesägt und anschließend zusammengeklebt wurde. Komplettiert wurde das Ganze durch Sitzbänke, Boden und Handgriff, sowie eine passende Lackierung mit Beschilderung.

Zum Schluss fehlen nur noch die Detaillierungen wie z.B. Schwanenhalslüfter, Rettungsmittel und Hinweisschilder. Nicht zu vergessen die Außenbeleuchtung für Deckshaus und Brücke mit LED. Die LEDs wurden vorher mit einem Korb aus Messingdraht versehen und dann an die entsprechenden Stellen aufgeklebt. Die Verkabelung erfolgt innen mit Vorschaltung von Widerständen für den Betrieb an 12V.

3.4.2 Brücke

Das Steuerhaus besteht aus 1-mm-PS-Platten. Ich hatte erst vor auch dieses Teil aus Platinenmaterial zu fertigen, aber die Fensterrahmenbreite von nur 2 mm verhinderte eine gute Verbindung. Auch das Einkleben der Fenster würde sich damit nur unter Schwierigkeiten realisieren lassen. Die Größe der Steuerhauswände zeigte wieder der Plan. Im unteren Bereich sind die Fenster von innen eingesetzt. Dadurch entsteht in den Fensteröffnungen ein schmaler Fensterrahmen. Dieser Rahmen besteht aus 0,3 mm starken und 2 mm breiten Streifen PS. Sie wurden mit Sekundenkleber in die Öffnung geklebt und innen bündig abgeschliffen. Außen benutzte ich eine 0,5 mm dicke Platte als Abstandshalter während des Schleifens, da der Rahmen nach außen ein wenig überstehen muss. Eine besondere Schwierigkeit waren die Dachflächenfenster, denn die stehen nach außen heraus (Wären sie von innen eingesetzt würde sich in der Kante Wasser sammeln und es würde sich sehr schnell Rost bilden).

Die Dachfenster habe ich insgesamt sechs Mal angefertigt, bis die Qualität stimmte. Eine PVC-Platte wurde mit blauem Transparentlack eingefärbt und die Fenster passend ausgeschnitten. Bevor ich nun den Rahmen anklebte habe ich die Außenseite der Fenster

Dachfenster auf dem Original

Dachfenster am Modell

mit Tesafilm beklebt. Nun klebte ich außen einen Streifen PS mit 0,8 mm Stärke an die Kante des Fensters. Nach Aushärtung feilte ich den überstehenden Rand an der Außenseite bis auf den Tesafilm herunter. Auf der Rückseite feilte ich den Rand soweit herunter, bis der Rahmen nur noch eine Höhe von 2 mm hatte. Nun konnten die Fenster aufgeklebt werden. Vorher wurden natürlich noch die Fensteröffnungen in die Dachflächen geschnitten. Wenn man nun den Tesafilm entfernt hat man eine perfekte „Glasoberfläche".

Am Steuerhaus gibt es diverse Details, wie z.B. Lüfter, Wischwasserrohre und Handläufe. Alle diese Details mussten vor der Lackierung angebracht werden. Die unteren Brückenfenster bestehen aus 0,5 mm starkem klaren Makrolon. Nach dem Zuschnitt habe ich die Fenster mit UHU-hart eingeklebt. Vorher war aber erst die Innen- und Außenlackierung der Brücke nötig. Von innen auf die Scheiben klebte ich kleine schwarze Kästchen, die das Scheibenwischergetriebe darstellen sollen. Nach der orangen Lackierung des Brückendaches, wurden hier die Kleinteile, wie Suchscheinwerfer und Kompass angebracht.

Die Einrichtung der Brücke wurde nach Fotos und bemaßten Skizzen erstellt. Leider war hierfür in den Unterlagen der Reederei kein Plan zu finden. Um eine einigermaßen ansprechende Einrichtung zu erreichen habe ich alle Instrumente als Draufsicht fotografiert. Über ein Fotoprogramm habe ich die Linsenverzerrung entfernt und alle Instrumentenfotos auf den Maßstab 1:32 gebracht. Um noch mehr Tiefe zu erhalten habe ich einige Instrumente doppelt bzw. dreifach ausgedruckt. Erhabene Elemente habe ich dann ausgeschnitten und auf das „untere“ Instrumentenbild aufgeklebt. Ob es jemand bemerkt? Ich weiß es leider nicht!

Die Schränke auf der Brücke wurden in dem schicken DAMEN-Graublau lackiert. Die Stufenkanten der Treppen wurden wieder mit einem dünnen Streifen Aluklebeband beklebt, um den Kantenschutz zu simulieren. Fahrhebel, Knöpfe und diverse andere Bedienelemente bestehen aus kleinen PS-Abschnitten.

Besonders stolz bin ich auf meine Bücher und Hefte für die Brücke. Diese Sachen kann jeder leicht selbst herstellen. Dazu braucht man einen Notizzettelblock. Bitte keine Post-it denn damit geht das nicht. Nun stellt man fest wie die Maße des Buches/Heftes sind und rechnet das in den eigenen Maßstab um. Man schneidet mit einem scharfen Cutter-Messer ein rechteckiges Stück entsprechend der Buchgröße aus dem Block. Bitte so schneiden, dass der Modellbuchrücken von der Verklebung der Notizzettel gebildet wird. Die Seiten sind dann zwar viel zu dick, aber es kommt hier nur auf die Wirkung an. Je nachdem wie dick das Buch sein soll nutzt man mehr oder wenig Seiten. Selbst ein Bucheinband lässt sich darstellen. Man klebt einfach ein Stück Papier um das Modellbuch herum. Dabei wird der „Einband“ nur auf der ersten und letzten Seite aufgeklebt. Nach dem bündigen Abschneiden des Deckels

Die Brückeneinrichtung mit Captain wird von unten in die Brücke eingeschoben und lässt sich bei Bedarf so leicht entfernen

vorn und hinten kann man das Buch öffnen und es erscheint eine „Bindung“ wo die Seiten verbunden sind. Nun nur noch den Deckel gestalten – möglich auch als Ausdruck – das Buch aufschlagen und auf die Seite ein paar feine Markierungen mit einem spitzen Bleistift und fertig ist das Buch für Brücke und Kartenhaus.

In der kleinen FRANCIA fehlten jetzt nur noch ein paar Regale für die Bücher und eine Klarlackversiegelung für die Instrumente und der Kapitän konnte „einziehen“.

Die Inneneinrichtung lässt sich für etwaige Reparaturen nach unten aus der Brücke entfernen.

3.4.3 Mast und Feuerlöscheinrichtung

Aus den „Kästen“ an den Seiten des Deckshauses führen die Rohre für die Löschmonitore bis ein wenig über die obere Kante des Steuerhausdaches. Diese Rohre sind zweimal gebogen und oberhalb des Daches mit einem Rechteckprofil miteinander verschweißt. Die Rohre auf dem Modell bestehen aus 10-mm-Messingrundrohr. Für diesen Rohrdurchmesser gibt es keinen Rohrbogen, sodass ich wieder meinen Trick mit den Schlitzen anwendete. Nachdem ich zwölf Schlitze in das Rohr gesägt hatte konnte es problemlos gebogen werden und geknickt verlötet werden.

Zur Stabilisierung habe ich auf der Innenseite des Bogens entlang des Rohres noch einen weiteren Schnitt mit einer Minitrennscheibe gesetzt. In diesen Schnitt habe ich ein kurzes Stück Blech eingelötet. Um den exakten Abstand zwischen den beiden Bögen zu bekommen wurden vier Rohrteile hergestellt und hinterher auf passende Länge geschnitten. Um die Teile zu verbinden wurden kurze Rohrstücke in die Rohrteile geschoben und verlötet.

Die FiFi-Plattform im Rohbau

Damit die Rohre hinterher auch den richtigen Abstand haben, musste ich für die Montage eine Schablone anfertigen. Hierfür wurden erst die Bohrlöcher für die Rohre auf den „Kästen“ angezeichnet. Anschließend übertrug ich dieses Maß auf zwei identische Streifen Platinenmaterial. Die Rohre wurden in die Bohrlöcher bis zur ersten Krümmung gesteckt und mit einem kleinen Punkt Lötzinn angeheftet. Dann steckte ich die Rohre durch die Bohrung in den Kästen bis an die untere Kante des Aufbaus. Hier wurden die Rohre nun in die Bohrungen des zweiten Streifens eingefädelt. Durch diese Konstruktion erhielt ich zumindest im unteren Teil einen exakten Abstand.

Über die oberen Enden der Feuerlöschrohre schob ich einen weiteren Streifen Platinenmaterial mit Bohrungen im passenden Abstand. Nun brauchte alles nur noch

Die Trittroste aus dem Spritzschutz für Bratpfannen

FiFi-Plattform mit Löschkanonen fertig zur Brandbekämpfung

lotrecht ausgerichtet und verlötet werden. Die Plattform, die beide Rohre unterhalb der Löschmonitore verbindet besteht aus 4-Kant-Rohr und U-Profilen aus Messing. An der Kante dieser Plattform befindet sich eine Reling vom gleichen Typ wie auf dem Bootsdeck, die auch gleichzeitig Kästen für die Seitenlichter stützt. Rückseitig an der Plattform befindet sich eine Halterung aus Messing für den achteren Suchscheinwerfer.

Auf der Rückseite des Steuerbord-Rohres läuft eine Anzahl von Hydraulikrohren nach oben zur Plattform. Über diese Hydraulik werden die Löschmonitore bedient. Die Rohre auf meiner FRANCIA sind aus dünnem Messingdraht, der in dünnen PS-Streifen gelagert wird. Auf der Vorderseite läuft das Rohr für die Selbstschutzeinrichtung. Dieses Rohr endet auf der Backbord-Seite unter der FiFi-Plattform. An der Vorderseite der Plattformreling befinden sich zwei Rohre mit den Sprühdüsen der Selbstschutzanlage. Wie vieles am Modell sind alle diese Details aus Messingdraht- bzw. Rohr.

Die Löschmonitore wurden nach Plan und Fotovorlagen aus diversen Kleinteilen in Messing bzw PS angefertigt. Die Druckleitungen sind wieder dünne Messingdrähte, die Schläuche wie an der Winde auch aus Kabelisolierung. Die Handräder sind Zukaufteile aus dem Zubehörhandel, die schon Jahre bei mir in der Schublade lagen. Ich habe erst viel darüber nachgedacht die Monitore funktionsfähig auszuführen. Ich habe mich letztendlich dagegen entschieden. Der Grund ist der Verlauf der Rohre durch die Seitenkästen. Dort hätte in einem 10-mm-Rohr eine Kupplung realisiert werden müssen. In Anbetracht der Häufigkeit mit der ich diese Feuerlöschanlage benutzen würde, habe ich davon abgesehen. Wie bei allen Trittrosten auf so einem Modell ist es schwierig etwas Passendes zu finden. Ich benutze gern Streckgitter bzw. Webgitter vom Spritzschutz für Bratpfannen. Man kann diese Gitter auch im Zubehörhandel kaufen, aber diesen Spritzschutz gibt es teilweise sehr günstig in Haushaltswarenabteilungen.

Mittig zwischen den Monitoren entstand eine Ablage aus PS-Rohrstücken. Die Löschmonitore sind aus verschiedenen Durchmessern Messingrohr. Wie immer wurden für die Biegungen die Rohre eingeschnitten und dann entsprechend gebogen. Anschließend wurden die letzten Öffnungen mit Lötzinn verschlossen und glatt gefeilt. Die Druckleitungen bestehen alle aus 0,5-mm-Messingdraht. Vor der Montage der „Gummischläuche“ wurde alles in Feuerwehrrot lackiert und aufgeklebt. Eine Funktion haben die Montiore zwar nicht, aber das Ergebnis ist mehr als zufriedenstellend.

3.4.4 Mast und Peildeck

Der Bau des Mastes hat mich bei diesem Modell vor eine besondere Herausforderung gestellt. Da das Modell vorschriftsmäßig beleuchtet werden soll, musste ich einige Vorüberlegungen anstellen.

Die Seitenlichter befinden sich getrennt von der Topp- und Heckbeleuchtung auf der FiFi-Plattform. Im Original laufen die Kabel für die Seitenlichter, die Antennen und den Suchscheinwerfer als fliegende Leitungen von der Plattform zum Brückendach. Eine Verlegung hinunter an den FiFi-Rohren kam also nicht in Frage, sodass ich auch beim Modell diese fliegende Verkabelung einrichten musste. Allerdings musste nun die kom-

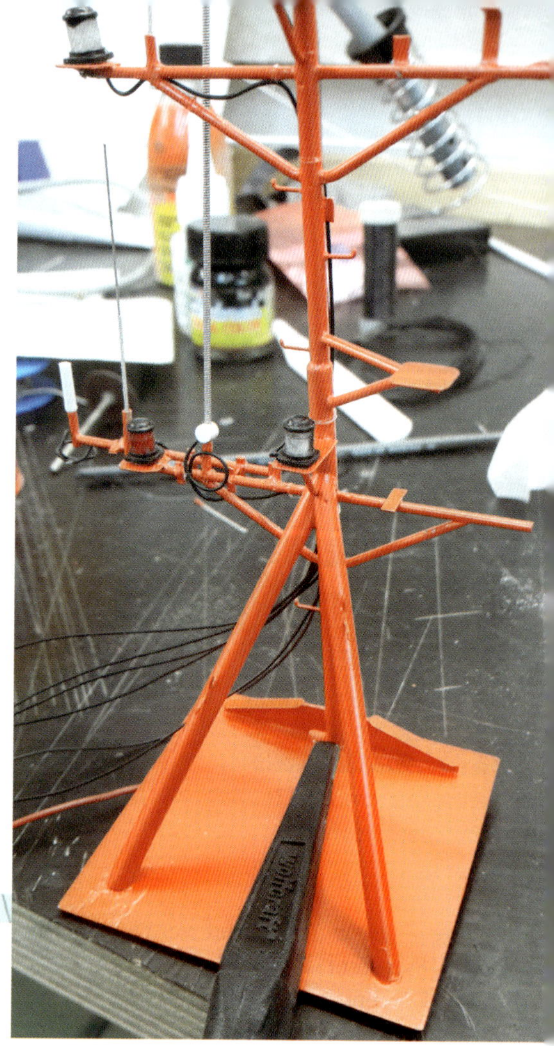

Der Mast fertig zum Anbau an das Modell

Übersicht über den Mastfuß und das Peildeck nach dem Zusammenbau

plette Verkabelung über die Brücke in den Aufbau/Deckshaus geführt werden.

Dazu habe ich oben in das Brückendach eine Klappe eingebaut. Auf dieser Klappe befindet sich auch der Mast. In einem Hohlraum unter dieser Klappe befindet sich eine kleine Platine für den Anschluss der Beleuchtung.

Der Mast besteht aus Messingrohr mit unterschiedlichen Durchmessern. Durch seine elektrische Leitfähigkeit eignet er sich perfekt als Masseanschluss. Die LED wurden mit einem Beinchen an die Teller für die Beleuchtung gelötet. Das andere Beinchen bekam nach der Lackierung des Mastes einen Anschluss mit einer Mikrolitze, die auf der Rückseite des Mastes bis zur o.g. Platine geführt wurde. Die Lampengehäuse aus dem Internetfachhandel mussten mit einem Kugelfräser ein wenig aufgefräst werden, damit sie über die LED passten. Der Mast wurde dann noch mit Radargeräten und vielen Antennen mit den dazugehörigen Anschlusskabeln komplettiert.

Noch ein kurzer Tipp zum Thema Antennen. Ich benutze schon seit Jahren für die Antennen Gitarrensaiten. Die gibt es auch in Metall, sodass sich dort auch etwas anlöten lässt. Der Mast wurde dann mit seinem „Fuß“ auf dem Brückendeck mit einem lösbaren Kleber festgeklebt. Die Abspannung besteht aus den Adern eines Mikrokabels, die miteinander verdreht wurden. Das kommt dem Aussehen eines Stahlseiles sehr nahe.

Zur Vervollständigung bekam das Peildeck noch eine Akkukiste, den Kreiselkompass aus einem Kunststoffdrehteil und den vorderen Suchscheinwerfer.

3.5. Lackierung und Alterung

3.5.1 Vorbereitung, Grundierung und Decklack

Auch über dieses Thema gibt es verschiedene Bücher. Trotzdem möchte ich der Vollständigkeit halber hier meinen Weg beschreiben. Die Endlackierung wird immer nur so gut wie die Vorbereitung der Oberfläche. Grundsätzlich muss man für die Lackierung keine teure Spezialausrüstung mit Airbrushpistolen und Kompressor besitzen. Für die später beschriebene Alterung kann das allerdings hilfreich sein.

Der komplette Rumpf wurde mit Körnungen von 200 bis 600 geschliffen. Anschließend habe ich alles erst mit Bremsenreiniger und dann mit Silikonentferner abgewaschen. Die erste Lage bildet ein Füller aus der Spraydose. Alle Farben habe ich in Dosen aus dem Autozubehör erworben. Inzwischen gibt es aber im Internet auch die Möglichkeit sich seinen persönlichen Lack in Sprühdosen abfüllen zu lassen.

Die Lackierung mit dem Füller bringt eventuelle Lunker oder Beulen gnadenlos ans Licht. Zur besseren Kontrolle sollte man eine Handlampe verwenden und mit dieser am Rumpf entlang leuchten. Bei der FRANCIA waren nur einige wenige Stellen zu überarbeiten und noch einmal zu lackieren.

Der Rumpf der FRANCIA hat drei Farben. Das Unterwasserschiff hat den charakteristischen Rotton eines Anti-Fouling-Lackes, das Überwasserschiff bis zu den Fendern ist schwarz und oberhalb der Fender am Schanzkleid wird das Orange der Reederei verwendet. Die Originalfarben sind von der Firma INTERNATIONAL. Die Mitarbeiter dort waren so freundlich und haben mir die Vergleichstöne aus dem RAL-System mitgeteilt. Ein 6-l-Eimer mit der passenden Farbe war mir dann doch zu viel.

Den Füller habe ich ein weiteres Mal leicht angeschliffen und den Schleifstaub mit Spiritus entfernt. Zuerst wurde das Unterwasserschiff abgeklebt und in dem Rotton lackiert. Bei so großflächigen Lackierungen lasse ich den Lack immer nur kurz „anziehen“ und entferne dann die Abklebung. Das führt dazu, dass die Übergangskante nicht so einen Grat bildet. Bei der Entfernung der Abklebung muss man aber bei noch feuchtem Lack sehr aufpassen. Es gibt aber auch Situationen bei denen dieser Grat gewünscht ist. Dazu später mehr. Erst nach zwei Tagen habe ich die zweite Abklebung für das Überwasserschiff angebracht und anschließend gleich lackiert. Auch hier habe ich die Abklebung nach ca. 10 Minuten wieder entfernt. Weitere zwei Tage später bekam dann das Schanzkleid das typische Orange von Rimorchiatori Riuniti.

Dieses Orange findet sich auf dem Oberdeck, dem Deckshaus mit den FiFi-Rohren und dem Mast wieder. Die Brücke ist – wie beschrieben – weiß lackiert.

3.4.2 Alterung

Bevor der Modellbauer sich an die Alterung macht sollte er sich überlegen, was er erreichen möchte und wie so etwas in der Realität aussieht. Eine gute Referenz ist hier die Bildersuche im Internet. Wenn man allerdings das Original im Dock vor der Reinigung und Neulackierung fotografieren kann ist das wie ein Sechser im Lotto. Unter Umständen lohnt es sich auch bei der Reederei bezüglich solcher Fotos anzufragen. Die für die Erhaltung der Flotte zuständigen Mitarbeiter haben meist ein paar Fotos der Schiffe im Dock auf der Festplatte.

Ich habe mich für eine Alterung entschieden. Allerdings wollte ich nicht gleich über

Der Rumpf mit einer ersten Lage Grundierung

Testplatte für die Alterung

die Lackierung herfallen, sondern diverse Alterungen erst testen. Bei jeder Alterung sollte man sich vorher überlegen, was man erreichen will bzw. wie die Textur auf dem Modell wirken soll. Ich habe dazu eine Platte mit den entsprechenden Farben meines Modells lackiert. Auf dieser „Leinwand" konnte ich mich nun austoben und diverse Alterungen testen. Ich empfehle jedem Alterungsnovizen dieses Vorgehen.

Hier eine kleine Zusammenfassung meiner Alterungsarbeiten:

1. Farbabscheuerung der Farbe oberhalb der Wasserlinie
2. weiße Salzablagerungen oberhalb der Wasserlinie
3. grüner Bewuchs unterhalb der Wasserlinie
4. Seepocken unterhalb der Wasserlinie
5. Rostnasen an Ankertaschen und Wasserauslass
6. Wassernasen
7. Roststellen am Schanzkleid
8. Schmutzablagerungen auf dem Oberdeck
9. Farbauswaschungen am Aufbau
10. Drecknasen am Aufbau
11. Farbabplatzung – anschließend überlackiert
12. Scheuerstellen am Lack
13. Rostansatz an der Winde

Die Alterungen kann man mit verschiedenen Mitteln erreichen. Dazu gehören z.B. stark verdünnte Farben, Pigmente, echtes Rostpulver, Rostlack und Schleifpapier.

Nach der Lackierung des Rumpfes habe ich mit Schleifpapier Teile der Lackierung des Überwasserschiffes wieder abgeschliffen, um Scheuerstellen vom Schlepperalltag zu simulieren. Anschließend bekommt der schwarze Streifen oberhalb der Wasserlinie mit stark verdünnter weißer Farbe waagerechte „Streifen". Dieser Farbauftrag wird dann mit Verdünnung abgeschwächt. Dabei sollte man darauf achten, dass der Farbauftrag möglichst ungleichmäßig ist. Um ei-

Eine kleine Auswahl aus meinen Alterungsprodukten

nen entsprechenden Effekt zu erzielen muss hier mit der noch feuchten Farbe gearbeitet werden. Dazu wird die verdünnte weiße Farbe mit einem Stück Haushaltsschwamm strichweise aufgetragen. Anschließend lässt man den Farbauftrag kurz anziehen. Den Schwamm auswaschen und leicht mit Verdünnung anfeuchten. Hier ist weniger mehr, sonst gibt es Nasen. Dann mit dem Schwamm leicht über die Farbe streichen, bis der Effekt erreicht ist. Hat man zu viel Farbe damit entfernt wartet man ein wenig und kann den Vorgang wiederholen.

Gleich unterhalb der Wasserlinie bildet sich bei Schiffen in der Regel sehr schnell ein Bewuchs. Dieser Bewuchs besteht meist aus Seepocken, grünen Algen und eventuell sogar Muscheln. Bei der Nachbildung eines Seepockenbefalls sollte man sich kurz vergewissern, ob das im gewählten Maßstab überhaupt machbar ist. Seepocken haben in der Regel einen Durchmesser von bis zu 1-3 cm, sodass gesiebter Vogelsand bei meinem Modell im Maßstab 1:32 gut nutzbar ist. Vor der Aufbringung der Algen habe ich die Seepocken aufgebracht. Dazu habe ich an einigen Stellen dickflüssigen matten Klarlack aufgebracht. In diese Farbflecken habe ich den gesiebten Vogelsand eingestreut. Nach Trocknung des Lackes habe ich die losen Sandkörner abgerieben und die Stellen mit seidenmatten Klarlack aus der Sprühdose übergenebelt. Um die unterschiedlichen Färbungen der Pocken zu erreichen verwendete ich wieder ein kleines Stück Spülschwamm. Diesen Schwamm tunkte ich kurz in dunkelbraune Farbe. Danach wurde der Schwamm sorgfältig auf einem Tuch ausgerieben, bis sich fast keine Farbe mehr im Schwamm befand. Jetzt wurden die Sandkörner vorsichtig abgetupft bis die gewünschte Färbung erreicht wurde. Es sind weitere Farbgänge mit

Seepocken aus Vogelsand

„Wet"-Effekt und Algen am Rumpf

hellbraun oder schwarz möglich. Wer eine Airbrushpistole besitzt kann die Stellen noch leicht mit weiß oder beige übernebeln.

Der Algenbewuchs wurde aus zwei verschiedenen Materialien hergestellt. Im Eisenbahnzubehör gibt es Tüten mit kleinen grünen Schaumgummikrümeln. Der Hersteller heißt Woodland Scenes und das Produkt heißt Fine Turf. Je nach gewünschter Grünfärbung muss das Material ausgewählt werden. Diese Krümel wurden auch mit Klarlack aufgeklebt. Auch hier muss im Anschluss das lose Material entfernt und der Rest mit Klarlack übergenebelt werden. Für die Nachbildung feinerer Algen gibt es im Handel entsprechende Farbe mit dickeren Pigmenten. Man sollte diese Farben aber immer in Verbindungen mit sogenannter Nasseffektfarbe verwenden. Man sieht das im Wasser nicht, aber auf dem Ausstellungstisch wirkt das einfach besser.

Für die Roststellen am achteren Schanzkleid – die Scheuerstellen der Schlepptrosse – habe ich mir sehr schmale Streifen 400er-Schleifleinen gerissen. Diese Streifen habe ich an einigen Stellen wie die Schlepptrosse über das Schanzkleid gezogen. Der Lack wurde dabei bis auf die Grundierung abgeschliffen. Nun wurde Klarlack auf die Stellen aufgetupft. In den noch nassen Klarlack streute ich fein geriebenen echten Rost. Nach der Durchtrockung wurden die Stellen mit glänzendem Klarlack behandelt. Die Rostnasen unterhalb der Roststellen bildete ich mit stark verdünntem Lack in Rostfarbe nach. Dazu benötigt man einen möglichst dünnen Pinsel. Diese Nasen wurden dann noch mit etwas Verdünner und einem breiten Haarpinsel verblendet, d.h. die aufgemalten Nasen werden damit soweit abgeschwächt bis der Effekt den gewünschten Eindruck erhält. Ausblühungen an Rostnasen oder Dreckspuren lassen sich auch mit der bekannten Trockenmalmethode erreichen. Für alle, die das nicht kennen: Ein Pinsel wird in die passende Farbe getaucht und abgestreift. Danach reibt man den Pinsel solange auf einem Tuch, bis sich nur noch minimale Farbspuren auf dem Tuch bilden. Jetzt wird vorsichtig mit dem Pinsel über die Stelle am Modell gestrichen. Der Vorgang wird auch hier so lange wiederholt, bis er gewünschte Effekt eingetreten ist.

Gealtertes Schanzkleid am Heck

Eine besondere Herausforderung war der Rost am Schleppbock auf dem Achterdeck, denn nur auf der Innenseite befindet sich Rost durch das Scheuern der Schlepptrosse. Vor der Lackierung trug ich erst einen Rostlack großzügig auf die entsprechenden Stellen auf. Anschließend wurde den Stellen mit dem Aktivator eingestrichen. Nun brauchte es Geduld, bis sich „echter" Rost gebildet hatte. Die Roststellen wurden dann mit an den Kanten ausgerissenem Klebeband abgeklebt. Nun wurde der Schleppbock schwarz lackiert und die Abklebung sofort entfernt. An den Kanten wurde der Rost mit schwarzem Lack überdeckt. Um einen schönen Übergang zwischen Lack und Rost zu erhalten wurde die „Kante" mit 400er-Schleifpapier vorsichtig abgeschliffen. Nun fehlten nur noch die Rostnasen. Diese Nasen wurde genauso gestaltet, wie oben bereits beschrieben.

Einen letzten Alterungstipp möchte ich noch hier noch geben. Auf Schiffen kommt es häufig vor das Lackstellen Beschädigungen haben. Der Lack ist dann großflächig abgeplatzt und die Stelle wird einfach übergestrichen. Diese Art der Kosmetik hinterlässt meist eine Kante zwischen alter Lackierung und der Reparaturlackierung. Um solch eine Beschädigung nachzuahmen bekamen die Stellen eine dünne Grundierung. Nun wurden die Stellen abgeklebt. Dazu riss ich ein Stück breites Klebeband an den Kanten ungleichmäßig ein und klebte das dann auf. Nun wurde die Stelle, im Besonderen die Kante, mehrmals mit der Grundierung überlackiert. Wichtig sind hier mehrere Lagen und das die Abklebung erst nach völliger Durchtrockung der Grundierung abgezogen wird. Hier wollen wir eine scharfe Kante erreichen. Nun ist das Bauteil fertig für die Endlackierung. Nach dem Durchtrocknen der Endlackierung

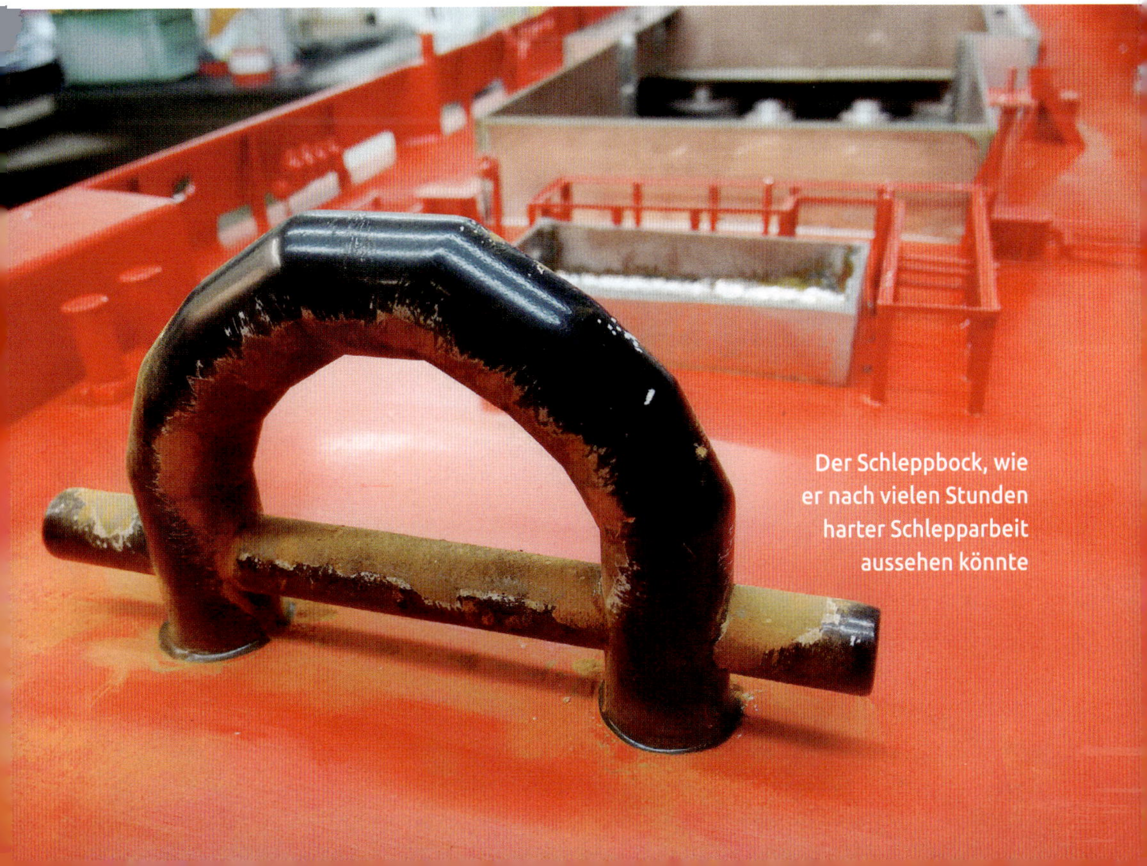

Der Schleppbock, wie er nach vielen Stunden harter Schlepparbeit aussehen könnte

musste noch die Schadstelle farblich noch angepasst werden. Dazu mischte ich zwei Teile helles Braun mit einem Teil Schwarz und verdünnte das Gemisch sehr stark. Mit einem sehr dünnen Pinsel tupfte ich dann diese Farbe an die Kante der Schadstelle. Durch die Kapillarkräfte läuft die Farbe direkt an der Kante entlang und es sieht hinterher aus, als hätte sich Dreck an dieser Kante gesammelt.

Grundsätzlich hat das Modell keine gleichmäßige und durchgehende Klarlackversiegelung. Auch hier ging es mir darum eine möglich lebensechte Textur zu erreichen. Wenn man sich auf einem Schiff umsieht wird man feststellen, dass der Lack nicht überall gleichmäßig glänzt. Ich habe das erreicht, indem ich die unterschiedlichen Stellen entweder nur „übergenebelt“ oder richtig lackiert habe. Als Versiegelung kam glänzender oder seidenmatter Klarlack zum Einsatz.

Um mit Pigmenten vernünftig arbeiten zu können ist es gut die Stellen vorher mit mattem Klarlack überzunebeln. Dann halten die Pigmente besser. Ich habe das bei fast allen waagerechten und angeschrägten Flächen angewandt. Das Original befindet sich immer unter südlicher Sonne und daher ist der Lack leicht ausgeblichen. Für das Auftragen der Pigmente zum Aufhellen – ich benutze hier weiß – bedienen wir uns ganz frech im Schminkkasten von Frau/Freundin/Freund. Diese großen Schminkpinsel sind perfekt dafür. Mit den langen Pinselhaaren lassen sich die Pigmente hervorragend auf der Oberfläche verteilen. Anschließend muss das Ganze mit Klarlack versiegelt werden. Auch hier sollte man eher übernebeln, als eine durchgängige

Übergepönte Schadstelle auf dem Bootsdeck

Schicht lackieren. Wenn der Effekt noch nicht die gewünschte Stärke hat, dann lässt sich dieser Vorgang beliebig wiederholen.

Auch Auswaschungen in Form von Nasen lassen sich so nachahmen.

Zum Thema Alterung kann man nur sagen: Ausprobieren und langsam herantasten. Wenn es mal zu viel ist kann man immer noch neu lackieren und von vorn beginnen.

3.6. Elektrik und Elektronik

3.6.1 Schaltplatine

In diesem Modell bin ich beim Einbau aller Fernsteuerelektronik und Schalter einen neuen Weg gegangen. Grund dafür war, dass ich die Möglichkeit schaffen wollte dieses Zentralplatine leicht entfernen oder am See zwischen den einzelnen Modellen wechseln zu können. Wie alle Modellbauer wissen, sind die elektronischen Bauteile nicht immer ganz preiswert, sodass man auf diese Art doch einen erheblichen Teil seines Modellbaubudget für einen weiteren Neubau statt für Elektronik investieren kann.

Links und rechts in die Decksöffnung habe ich je einen Streifen Platinenmaterial eingelötet. Je Streifen wurde drei Bohrungen eingebracht an die je noch eine M5-Mutter angelötet wurde. Anschließend schnitt ich eine Platte, die exakt auf diese Streifen passt und entsprechende Bohrungen bekommen hat. Nun lässt sich die Platte auf diesen Streifen sicher mit sechs M5-Inbusschrauben festschrauben. Auf dieser Platte sind u.a. untergebracht:

- zwei Fahrtregler
- ein Schaltregler 5 V
- Schalter für den Antriebsschaltkreis, Lenkschaltkreis, die Beleuchtung
- Ladebuchsen
- Klemmleiste für den Beleuchtungsanschluß
- Empfänger
- Sonderfunktionsbaustein

Inzwischen hat sich diese Aufteilung als sehr nützlich erwiesen, da dadurch viele Kabelverbindungen erheblich kürzer und erheblich übersichtlicher gehalten werden konnten. Die etwaige Fehlersuche ist damit einfacher, ebenso wie der Tausch zwischen verschiedenen Schiffen.

„Hauptplatine" mit der Hardware für die Fernsteuerung

3.6.2 Antriebstechnik und Fernsteuerung

Die Azimuthantriebe im Modell werden über Servos mit Zahnriemen so angesteuert, dass sie sich um ca. 720°drehen (360° zu jeder Seite) können. Die Servos werden über zwei eigene parallel geschaltete 6-V-Bleiakkus mit Strom versorgt. Ich nutze zur Steuerung meine dafür umgebaute Fernsteuerung, die mit ähnlichen Hebeln wie auf einer Schlepperbrücke ausgestattet ist. Der Aufwand mit der umgebauten Fernsteuerung ist nötig, um die gleichen Manöver, wie mit dem Original fahren zu können. Wie schon vorher beschrieben gibt es bei Schottelschleppern keine Umsteuerung der Motoren für Rückwärtsfahrt. Dafür müssen die Antriebe entsprechend gedreht werden. Auch im Modell der FRANCIA müssen die Antriebe für Rückwärtsfahrt gedreht werden. Die Fahrthebel auf der Fernsteuerung zeigen die Lage der Antriebe im Schiff an. Die Idee zu dieser Fernsteuerung hatte ich schon 2001 nach dem Besuch auf dem Schlepper AHTI in Finnland.

Der zuständige Chef der Schlepper der Reederei Fortum erzählte mir von einem Modellbauer in Kanada, der solch ein System realisiert hat. Allerdings konnte er mir zu der Funktionsweise keine näheren Angaben machen. Das Schwierigste an dem Umbau war allerdings die Umwandlung der Linearbewegung der normalen Steuerhebel in eine Kreisbewegung von den ca. 720°. Inzwischen habe ich festgestellt, dass die Fernsteueranlagen der unterschiedlichen Hersteller auf solche „Eingriffe“ extrem unterschiedlich reagieren, sodass ich hier keine detaillierte Umbauanleitung geben möchte. Inzwischen arbeiten verschiedene Modellbauer an einer „Endloslösung“ oder haben sie inzwischen fertiggestellt. Mit Hilfe von Mikroprozessoren wurde die Drehung der Antriebe ohne Anschlag erreicht. Die Kosten für die elektronischen Bauteile schrecken ein wenig ab. Das Material für mein System kostet nicht einmal 50 €. Es braucht bloß vier Potentiometer und zwei Billigzahnradsätze. Weiterhin kommen noch Kosten für die Servos und die Kraftübertragung zur Drehung der Gondel und Schiffschraube hinzu. Diese

Der Antrieb im Vorschiff „klar zum Manöver“

Kosten hat man bei den o.g. Lösungen allerdings auch.

Die 12-V-Antriebsmotoren von Bühler (befeuert mit einem 12-V-Bleiakku) stehen senkrecht im Schiff und treiben die Wellen über Riemenscheiben und Bando-Riemen an. Ich habe hier bewusst auf ein Winkelgetriebe verzichtet. Solche Getriebe verursachen eine erhebliche Geräuschkulisse.

3.6.3 Beleuchtung und Winde

Alle Navigationslampen sind in LED ausgeführt. Die Platine hat einen Masseanschluss und für jede LED einen Anschluss mit einem zwischengeschalteten Widerstand für den 12-V-Betrieb. Außerdem habe ich einige Lampen zusammengefasst:

1. Seitenlichter, Hecklicht und das oberste Topplicht
2. rot-weiß-rot (manövrierbehindert), Schlepplicht, und die beiden unteren Topplichter
3. Oberdecksbeleuchtung, Arbeitsscheinwerfer Bug und Heck, Beleuchtung der Bedienelemente auf der Brücke
4. Suchscheinwerfer

Diese Art der Schaltung erleichtert mir die Nutzung. Die normale Fahrbeleuchtung und Oberdecksbeleutung (1+3) wird über einen Schalter auf der zentralen Platine im Schiffsrumpf geschaltet. Eine Schaltung über die Fernsteuerung macht für mich keinen Sinn. Ich sehe schon beim Einsetzen am Ufer, ob es hell oder dunkel ist. Eine plötzliche Son-

Die komplette Beleuchtung besteht aus langlebigen LED

nenfinsternis ist mir beim Fahren noch nie untergekommen. Außerdem könnte ich auch bei längerer Fahrt kurz heranfahren und den Schalter umlegen.

Die zweite Schaltfunktion (2) wird nur beim Schleppen in Dunkelheit genutzt. Wenn ich so an den Hafen in St.Peter im Schwarzwald denke, ist das sinnvoll. Derjenige, der mit den großen Modellen eine Schleppverbindung herstellt, muss dann nicht noch am Schlepper einen Schalter umlegen bzw. ich muss nicht mit voller Festbeleuchtung durch den Hafen fahren. Die Suchscheinwerfer (4) können über eine weitere Schaltfunktion aktiviert werden.

Sollte sich das auf die Dauer nicht als sinnvoll erweisen, könnte durch Umklemmen die Gruppierung leicht geändert werden.

Die einzige weitere „Sonder"funktion ist die Schleppwinde. Wie oben schon einmal beschrieben wird die Winde durch einen umgebauten Servo angetrieben. Die Schaltung erfolgt über einen Ein-Aus-Ein-Schalter auf der Fernsteuerung in Verbindung mit einem Umpol-Baustein.

3.7. Fahrmanöver mit der FRANCIA NO.99

Das mit dem Fahren ist so eine Sache. Wenn jemand Auto fahren kann, fällt es nicht schwer einzusteigen und loszufahren. Da braucht es sicher noch ein wenig Übung, da nicht alle bekannten Funktionen zur Verfügung stehen oder vielleicht sind neue Funktionen dazu gekommen.

Beim Schlepper ist das anders. Natürlich haben Schlepperkapitäne schon häufig gestaunt, wie genau sich doch solche Modelle fahren lassen. Diese Spezialisten sind aber auch gewohnt mit ihrem Arbeitsgerät zu zaubern. Für einen „Betriebsfremden" ist es ungleich schwerer den Umgang mit diesem Gerät zu erlernen. Es hilft manchmal schon einfach das Internet zu durchforsten, um Hinweise zum Betrieb zu erhalten. Wie müssen die Antriebe für welche Bewegung gestellt sein? Dabei gibt es schon Unterschiede, ob es sich um einen Traktor- oder ASD-Schlepper handelt.

Die FRANCIA zum Test im Becken. Lage und Tiefgang sind perfekt

Durch die 720°-Drehung der Antriebe lässt sich die FRANCIA in klein ebenso fahren wie ihr großes Vorbild. Trotzdem hat es mich einige Stunden gekostet zumindest die Grundfunktionen der Antriebe zu erlernen. Übung macht auch hier den Meister und ist bei den großen Vorbildern nicht anders.

3.8. Fazit und Kosten

Die Recherchen zu diesem Buch und der Bau des Schleppers haben viel Zeit gekostet und wurde für die Komplettsanierung eines Einfamilienhauses zwei Jahre unterbrochen. Es hat aber immer sehr viel Spaß gemacht. Das Grobziel dieses Buches (die Leser dieses Buches mit dem Schleppervirus anzustecken) habe ich hoffentlich erreicht. Zum Schluss möchte ich noch ein paar Anmerkungen machen.

Dem Leser wird sich trotz all meiner Mühe noch die eine oder andere Frage aufdrängen. Eine Frage möchte ich gern vorweg schon beantworten. Warum habe ich das so gemacht?

Mein Wunsch war es das Modell so zu bauen, dass es jeder Modellbauer mit ein wenig Erfahrung nachvollziehen/ nachbauen kann. Nicht jeder Modellbauer hat einen kompletten Maschinenpark mit Drehmaschine, CNC-Fräse, 3D-Drucker und anderen elektrischen Geräten zu Hause. Deshalb habe ich bewusst beim Bau auf diese Hilfsmittel verzichtet. Mit einer normalen Hobbywerkstatt lässt sich solch ein Modell ohne Schwierigkeiten erstellen. Das Feinziel war nicht einen Computerkurs in Maschinensprache zu schreiben, sondern den Spaß am Modellbau zu schüren. Natürlich gilt auch hier der alte Spruch: „Je besser das Werkzeug, desto besser die Arbeit“! Nur man sollte damit auch umgehen können. Wenn ich erst einen Lehrgang dafür besuchen muss, um ein einziges benötigtes Teil zu drehen, dann wäre mir persönlich der Aufwand zu groß. Darum habe ich auch – wo es möglich war – auf Fertigteile zurückgegriffen oder anfertigen lassen (z.B. Schottelantriebe, Relingstützen, Stufen usw.)

Das Modell hat – in Einzelteilen bzw. als Material – fast 1.400 € gekostet. Ich glaube, dass sich der Eigenbau lohnt. Ein guter Bausatz kostet ähnlich viel Geld, aber der Eigenbau ist und bleibt in vielen Fällen ein Einzelstück.

Kapitel 4 Anhang

4.1. Pfahlzug (Definition)

4.1.1. Dauerpfahlzug

Der Dauerpfahlzug entspricht dem Durchschnittswert eines 5-Minuten-Tests. Wenn die Ablesungen am Dynamometer in 30 Sekunden Intervallen erfolgen, ist mit Dauerpfahlzug der Durchschnittswert dieser Ablesungen in einem 5-Minuten-Intervall gemeint.

4.1.2. Maximaler statischer Pfahlzug

Der maximale statische Pfahlzug ist der Durchschnittswert der höchsten 30-Sekunden-Messung während des 5-Minuten-Tests. Wenn die Ablesungen am Dynamometer in 30 Sekunden Intervallen erfolgen, ist der maximale statische Pfahlzug der höchste Durchschnittswert aus zwei aufeinander folgenden Messungen.

Die THETIS von Iskes Towage als Kopfschlepper in der Schleuse von Ijmuiden

Die WOLF als Heckschlepper im Hafen von Bremerhaven

4.1.3. Maximaler Pfahlzug

Der maximale Pfahlzug ist der höchste einzeln gemessene Wert.

Anmerkung: Es handelt sich hierbei um einen Auszug aus dem Vorschriften. Zur Übernahme in einen Pfahlzugtest für Modelle sollte noch angemerkt werden, dass bei den Tests die Steuerbewegungen möglichst vermieden werden sollten.

4.2. Pfahlzugtest (Auszug aus der Vorschrift)

4.2.1. Allgemein

Der Pfahlzugtest wird durchgeführt, um den statischen Pfahlzug eines Schleppers zu ermitteln, den dieser unter Arbeitsbedingungen erreichen kann. Um einen fairen Vergleich zu gewährleisten, wird der Test nicht unter realen Bedingungen (z.B. enge oder flache Hafenbecken), sondern unter optimalen Bedingungen durchgeführt. Bei diesem Test sollen die Einwirkungen von außen so gering wie möglich gehalten werden. Diese Vorschrift beschreibt die Minimalanforderungen an Testgewässer, Zustand des Fahrzeugs und Umwelteinflüsse genauso, wie die Durchführung des Tests und der Definition des Begriffes „Pfahlzug".

4.2.2. Testgewässer und Anforderung an den Schlepper

Das Testgewässer sollte so sorgfältig wie möglich ausgewählt werden, um die Umwelteinflüsse so gering wie möglich zu halten. Die folgenden Mindestanforderungen sollten in Bezug auf das Testgewässer und den Zustand des Schiffes erfüllt werden.

4.2.3. Testgewässer

Der Ort für die Tests sollte so ausgewählt werden, dass sich keine Piers, Kais, Anleger, Molen oder andere Hindernisse in der Nähe des Schleppers befinden. Der beste Platz ist ein Anleger auf Pfählen ohne eine Wand, bei dem der Schraubenstrom ungehindert unter oder durch den Anleger strömen kann. Bei einer festen Pier sollte der Poller so stehen,

Die UKKO auf Warteposition für den nächsten Schleppjob bei geschlossener Eisdecke in der Ostsee vor der finnischen Küste (©J.Toivola)

dass der Schraubenstrom nicht abgelenkt wird. Das Wasser sollte die nach Punkt 2.4 geforderte Tiefe haben.

4.2.4. Wassertiefe

Um einen fairen Pfahlzug zu erreichen muss die Zirkulation des Wassers verhindert werden. Eine Wasserzirkulation wird durch den Schraubenstrom und die Menge des Wassers um und unter dem Schlepper erzeugt. In flachem Wasser und engen Hafenbecken gibt es mit Sicherheit eine Wasserzirkulation. Demzufolge sollte die Wassertiefe um und unter dem Schlepper so groß wie möglich sein.

Die minimale Wassertiefe im Umkreis von 100 m um den Schlepper gilt als Wassertiefe unter dem Kiel nach der folgenden Formel:

$$d_{min} = 13{,}5 \times (P/1000)^{1/4}\ [m]$$

d_{min} = die minimale benötigte Wassertiefe
P = Gesamtantriebsleistung [kW]

4.2.5. Länge der Schleppleine

Aus praktischen Gründen werden Pfahlzugtests meist in den begrenzten Gewässern eines Hafenbeckens durchgeführt. Um die Einflüsse einer festen Pier zu verhindern, sollte die Schleppleine so lang wie möglich sein. Die Länge der Schleppleine – gemessen zwischen der Kante der Pier oder Uferlinie und dem Heck des Schleppers – sollte nicht kürzer sein, als die berechnete Länge aus folgender Formel:

$$L_T = 155 \times (P/1000)^{1/3}\ [m]$$

L_T = minimale benötigte Schleppleinenlänge
P = Gesamtantriebsleistung [kW]

Es wird empfohlen, dass die Schleppleine mindestens 200 Meter lang ist, obgleich die mit der o.g. Formel berechnete Schleppleinenlänge geringer ist.

4.2.6. Umweltbedingungen

Der Einfluss auf die Testergebnisse von Wind und Strom kann sehr groß sein, weshalb die folgenden Regeln eingehalten werden müssen.

4.2.7. Windgeschwindigkeit

Die Windgeschwindigkeit während des Tests sollte nicht über 5 m/s liegen. Sollten Windböen den Schlepper während des Tests in

Die PORTOGALLO als Heckschlepper im Hafen von Genua/Italien

Gierbewegungen versetzten ist der Test abzubrechen und zu wiederholen

4.2.8. Strom

Wo immer möglich sollten Pfahlzugtests in Gewässern durchgeführt werden, in denen es keinen Strom gibt. Gibt es doch Strom sollten dessen Geschwindigkeit nicht über 1 kn liegen.

In Tidengewässern muss besonderes Augenmerk auf den Zeitpunkt der Tests gelegt werden. Die Tests sollten 1 bis 1,5 Stunden vor Hochwasser gelegt werden, wenn der Tidenstrom geringer als 1 kn ist und der Wasserstand kurz unter seinem Maximum ist. Das Zeitfenster macht eine Wiederholung möglich, wenn es nötig ist. Tests bei ablaufendem Wasser sollten vermieden werden. Während der Tests sollte eventuelle vorherrschender Strom von achtern kommen. Seitlicher von vorn kommender Strom ist nicht zulässig.

4.3. Quellen und Fotos

4.3.1. Quellen

- ITS-Zeitung – ABR Company
- Tug World Review – ABR Company
- Tugs use in Ports – Henk Hensen
- Tug Book – Jack Gaston

4.3.2. Foto/Informationsnachweise

Mit Informationen und Fotos für dieses Buch wurde ich großzügig von den folgenden Firmen und Personen unterstützt:

- MTU/Tognum Group
- Petersen & Alpers Schleppreederei
- Fairplay Schleppreederei
- Schottel/Spay
- Voith Schneider Propulsion
- JonRie Winches
- V.Landwehr
- R.d.Werker
- Marco Gottlieb
- J.Toivola